职业教育·通用课程教材

结构力学

Jiegou Lixue

邹宇峰 主 编
孔七一 主 审

人民交通出版社股份有限公司
北 京

内 容 提 要

本教材为职业教育通用课程教材。本教材由绪论和五个模块的内容组成,包括绪论、平面杆件体系的组成分析、静定结构的受力分析与位移计算、超静定结构的内力分析与计算、移动荷载作用下的结构受力分析、知识拓展与工程应用专题。

模块一~四,即任务1~15,专题任务16、19中二选一,适用于高等职业教育专科学生。

模块一~五,即任务1~20,专题任务21选做,适用于高等职业教育本科学生。

本教材可作为道路运输类、建筑工程类、水利工程类专业高职本、专科学生的结构力学课程教材,也可作为相关专业工程技术人员的参考书。

教材配套了重难点讲解微课、教案、练习题答案和思维导图等数字资源,有利于实现线上线下混合式教学,同时便于及时更新新技术、新工艺、新规范,提高学习者的学习效果,相关数字资源可通过扫描封面二维码观看。

本教材配有课件,教师可通过加入"职教路桥教学研讨群"(QQ:561416324)获取。

图书在版编目(CIP)数据

结构力学/邹宇峰主编. —北京:人民交通出版社股份有限公司,2024.1
ISBN 978-7-114-19098-8

Ⅰ.①结… Ⅱ.①邹… Ⅲ.①结构力学—高等职业教育—教材 Ⅳ.①O342

中国国家版本馆CIP数据核字(2023)第222891号

书　　名:结构力学
著 作 者:邹宇峰
责任编辑:李　瑞　陈虹宇
责任校对:赵媛媛　魏佳宁
责任印制:刘高彤
出版发行:人民交通出版社股份有限公司
地　　址:(100011)北京市朝阳区安定门外外馆斜街3号
网　　址:http://www.ccpcl.com.cn
销售电话:(010)59757973
总 经 销:人民交通出版社股份有限公司发行部
经　　销:各地新华书店
印　　刷:北京武英文博科技有限公司
开　　本:787×1092　1/16
印　　张:12.5
字　　数:300千
版　　次:2024年1月　第1版
印　　次:2024年1月　第1次印刷
书　　号:ISBN 978-7-114-19098-8
定　　价:40.00元

(有印刷、装订质量问题的图书,由本公司负责调换)

前·言
Preface

为落实"立德树人"根本任务,培养"德技并修"技术技能人才,适应职业教育的发展趋势,坚持知行合一、工学结合的育人模式,本教材根据交通运输大类道路运输类和铁道运输类、土木建筑大类的土建施工类和市政工程类、水利大类的水利工程与管理类等专业教学标准,以教育部高等学校力学教学指导委员会力学基础课程教学指导分委员会制定的《高等学校理工科非力学专业力学基础课程教学基本要求》为依据,按照课程建设、教材编写、配套资源开发、信息技术应用相结合的原则,编写时突出结构力学基础知识应用能力培养,以满足培养新时代基础设施建设施工第一线的高素质技术技能型人才的需要。

本教材以杆系结构为载体,以结构力学经典理论知识为主线,增加工程应用与知识拓展内容。结合结构力学课程育人要求,设计了每个模块的学习目标。同时注重理论与实践相结合,系统设计了课内课外知识学习和实践能力训练任务,将定量计算和定性分析相结合,引导学生自主学习和实践应用。

本教材包含基础知识学习和拓展应用两大部分内容。基础知识包含15个任务,知识拓展与工程应用专题包括6个任务。

其中任务1~15,专题任务16、19中二选一,适用于高等职业教育专科学生。任务1~20,专题任务21选做,适用于高等职业教育本科学生。

为便于选用本教材的学生自学和教师组织教学,本教材配套有教学微视频、电子教案、多媒体教学课件以及每个模块学习任务的答案。

参加本书编写的有:湖南交通职业技术学院邹宇峰(任务1、2、

8、16、17、18);湖南交通职业技术学院夏玉超(任务3);湖南交通职业技术学院姜静静(任务4、5);湖南交通职业技术学院李金坡(任务6、7);湖南交通职业技术学院邓林(任务9、10、11);湖南交通职业技术学院向秋燕(任务12、13、14、15);湖南交通职业技术学院曾婧(任务20);湖南交通职业技术学院吴敏之(任务21),河北通华公路材料有限公司程学志(任务19)。实践能力训练任务由邓林编写。全书数字资源由邹宇峰、夏玉超、曾婧制作。

  本书由邹宇峰担任主编,孔七一教授担任主审。

  高等职业教育本科的力学课程和教材建设目前刚刚起步,限于作者水平,本书不足之处在所难免,恳请广大读者提出宝贵意见和建议,以便及时完善和充实。

编　者
2023 年 3 月

教学内容与课时分配建议

知识层级	模块	任务	学习内容	参考学时	备注
基本知识	绪论	1	结构计算简图的绘制	2	
			实践能力训练任务	—	课外
	模块一	2	平面杆件体系的自由度计算	1	
		3	静定结构的组成规则与分析	3	
			实践能力训练任务	—	课外
	模块二	4	静定平面桁架的内力计算	3	
		5	绘制多跨静定梁的内力图	4	
		6	绘制静定平面刚架的内力图	4	
		7	三铰拱的受力分析	2	
		8	静定结构在荷载作用下的位移计算	4	
			实践能力训练任务	—	课外
	模块三	9	力法计算超静定结构	6	
		10	位移法计算超静定结构	2	
		11	力矩分配法计算超静定结构	4	
			实践能力训练任务	—	课外
	模块四	12	绘制单跨静定梁的影响线	2	
		13	绘制间接荷载作用下的主梁影响线	2	
		14	结构最不利荷载位置的确定	2	
		15	绘制简支梁的内力包络图	1	
			实践能力训练任务	—	课外
			机动课时	6	
			基本知识学习内容课时合计	48	
知识拓展与工程应用专题	模块五	16	组合结构的受力分析与位移计算	2	
		17	支座移动和温度变化时静定结构的位移计算	2	
		18	机动法绘制静定梁的影响线	2	
		19	超静定结构的强度与位移计算	2	
		20	位移法计算有侧移的超静定结构	2	
		*21	单层工业厂房结构计算简图绘制与受力分析	2	
			实践能力训练任务	—	课外
			机动课时	4	
			知识拓展与工程应用学习内容课时合计	16	
			总学时	64	

注:1. 高等职业教育专科选择第 1~15 个学习任务,任务 16、19 中二选一。
2. 高等职业教育本科选择第 1~20 个学习任务,任务 21 选做。
3. 高等职业教育专科对标有"*"号的任务可根据学情和需求选学。
4. 表中参考学时是课堂教学所需最少学时。
5. 总学时建议:高等职业教育本科 60~70;高等职业教育专科 50~60。
6. 实践能力训练任务由学生自选 1~2 个,课外完成。

目 录
Contents

绪论 ·· 001
    任务1 结构计算简图的绘制 ·· 001
    练习题 ·· 009
    实践能力训练任务 ··· 010

模块一 平面杆件体系的组成分析 ·· 011
    任务2 平面杆件体系的自由度计算 ·· 011
    任务3 静定结构的组成规则与分析 ·· 017
    练习题 ·· 022
    实践能力训练任务 ··· 024

模块二 静定结构的受力分析与位移计算 ·· 026
    任务4 静定平面桁架的内力计算 ·· 026
    任务5 绘制多跨静定梁的内力图 ·· 034
    任务6 绘制静定平面刚架的内力图 ·· 039
    任务7 三铰拱的受力分析 ··· 045
    任务8 静定结构在荷载作用下的位移计算 ·· 052
    练习题 ·· 067
    实践能力训练任务 ··· 071

模块三 超静定结构的内力分析与计算 ·· 073
    任务9 力法计算超静定结构 ·· 073
    任务10 位移法计算超静定结构 ·· 091
    任务11 力矩分配法计算超静定结构 ·· 103

练习题 ……………………………………………………………………………………… 115
实践能力训练任务 ………………………………………………………………………… 118

模块四　移动荷载作用下的结构受力分析 …………………………………………… 120
任务 12　绘制单跨静定梁的影响线 …………………………………………………… 120
任务 13　绘制间接荷载作用下的主梁影响线 ………………………………………… 133
任务 14　结构最不利荷载位置的确定 ………………………………………………… 136
任务 15　绘制简支梁的内力包络图 …………………………………………………… 145
练习题 ……………………………………………………………………………………… 151
实践能力训练任务 ………………………………………………………………………… 153

模块五　知识拓展与工程应用专题 …………………………………………………… 154
任务 16　组合结构的受力分析与位移计算 …………………………………………… 154
任务 17　支座移动和温度变化时静定结构的位移计算 ……………………………… 158
任务 18　机动法绘制静定梁的影响线 ………………………………………………… 164
任务 19　超静定结构的强度与位移计算 ……………………………………………… 169
任务 20　位移法计算有侧移的超静定结构 …………………………………………… 174
任务 21　单层工业厂房结构计算简图绘制与受力分析 ……………………………… 178
练习题 ……………………………………………………………………………………… 184
实践能力训练任务 ………………………………………………………………………… 186

参考文献 …………………………………………………………………………………… 189

绪论
INTRODUCTION

学习目标

▶ **能力目标**
1. 能叙述结构力学的研究对象和任务;
2. 能够绘制结构的计算简图。

▶ **知识目标**
1. 会叙述梁、拱、刚架、桁架、组合结构的定义;
2. 知道计算简图的定义和简化原则;
3. 掌握结点、支座、荷载的简化方法。

1. 绪论素质目标

2. 绪论思维导图

任务1 结构计算简图的绘制

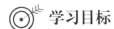

课前学习任务

两人一组,通过查阅图书资料和网络信息,回答下列问题。
(1)说出赵州桥[图1-1a)]和矮寨大桥[图1-1b)]的类型。
(2)赵州桥有什么结构特点?
(3)白鹤滩水电站大坝[图1-1c)]的高度是多少?
(4)说说航天发射塔[图1-1d)]的组成部分。

问题思考

什么是结构力学?其研究任务和研究方法是什么?结构力学与工程力学及后续专业课程有什么关系?

在房屋、桥梁、水坝等各类工程建筑物中支承或传递荷载,起骨架作用的部分称为结构。

比如：由桥面板、桥面梁或桁架、桥墩等构件组成的桥梁结构；由屋面板、屋架、楼板、梁、柱及基础等构件组成的房屋结构。实际工程结构如图1-2所示的大型桥梁和各类建筑，其结构形式和受力情况十分复杂，从设计到施工的各个环节都要通过定性分析和定量计算来保证结构既经济合理，又安全可靠。

a)赵州桥

b)矮寨大桥

c)白鹤滩水电站大坝

d)中国航天发射塔

图 1-1

a)杭州湾跨海大桥(全长36km)

b)国家体育场——鸟巢

图 1-2

1.1 结构力学的研究对象和任务

结构力学的研究对象是杆件结构。结构力学的主要任务是研究杆件结构的组成规律，以及结构在外因作用下强度、刚度和稳定性的计算原理和计算方法。一般包括以下几个方面：

(1)研究杆件结构的组成规律与合理形式。研究杆件结构的组成规律是为了保证结构各部分间不发生相对运动,从而使结构能承受荷载并保持平衡。研究杆件结构的合理形式是为了充分有效地利用材料,使其性能得到最大限度的发挥。

（2）研究结构内力与位移的计算原理和计算方法。结构内力与位移的计算是构件强度和刚度计算的主要内容,以保证结构在外荷载作用下具有足够的安全性。

（3）研究结构稳定性的计算方法。造成压杆失稳的主要原因是压杆承受的压力达到了压杆本身的临界压力,因此,可对轴向压力引起的内力进行计算以检验结构的稳定性。

结构力学与工程力学课程既有联系又有区别。工程力学中的平衡计算,内力分析,强度、刚度和稳定性分析内容,是结构力学学习的基础,而结构力学是其拓展和延伸。与工程力学不同的是,结构力学与工程结构联系更为紧密,其基本概念、基本理论和基本方法是学习钢筋混凝土结构、钢结构、地基基础和结构抗震设计等工程结构课程的基础,结构力学的计算分析结果是各类结构设计的依据。当前的计算机辅助设计软件,其核心计算部分的基本理论和方法也都以结构力学内容作为基础。

3.任务1电子教案

1.1.1 结构的类型

工程中各种各样的结构都是由若干起骨架作用的构件按照一定的规律组合而成的,称为结构。组成结构的各单独部分称为构件。按照几何特征,结构分为以下三类。

（1）**杆件结构**。杆件的几何特征是其长度方向的尺寸远大于其横截面宽度和厚度(5倍以上)。杆件结构是由若干杆件按一定方式连接组成的结构,也称为杆系结构,是土木工程中普遍应用的一种结构形式。如：钢筋混凝土屋架、桥梁钢桁架、起重机塔架等。

（2）**板壳结构**。板壳结构的几何特征是其厚度远远小于另外两个方向的尺寸,也称为薄壁结构。当为平面形状时称为薄板,当为曲面时称为壳体(图1-3)。房屋中的楼板和壳体屋盖、水利工程中的薄壁拱坝都是薄壁结构。

（3）**实体结构**。实体结构的几何特征是长、宽、高三个方向的尺寸大致为同一量级,这样的结构称为实体结构。如图1-4所示的桥墩、桥台和挡土墙都是实体结构。

a)薄板　　b)薄壳
图1-3　板壳结构

a)桥墩　　b)桥台　　c)挡土墙
图1-4　实体结构

1.1.2 平面杆件结构的分类

当结构中各杆件的轴线及外力的作用线在同一平面内时,称为平面杆件结构。工程中常见的杆件结构按其受力特性不同,可分为以下几种。

（1）**梁**。梁是直线杆系,其轴线通常为直线,以弯曲变形为主,是一种受弯杆件。梁横截面上的内力(矩)有弯矩和剪力。梁可以是单跨的,也可以是多跨的。如图1-5所示。

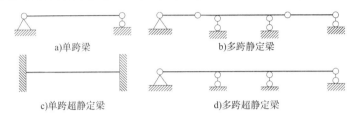

图 1-5

（2）**刚架**。刚架是折线杆系。刚架是由直杆组成,其结点全部或部分为刚结点的结构（图1-6）。刚架各杆主要承受弯矩,也承受剪力和轴力。

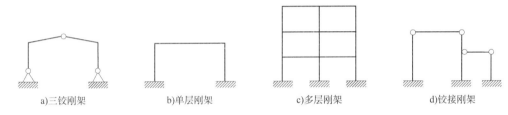

图 1-6

（3）**桁架**。桁架是理想铰接杆系。桁架是由若干直杆组成,其所有结点全部都为铰结点的结构（图1-7）。在平面结点荷载作用下各杆主要产生轴力。

（4）**拱**。拱是曲线杆系。拱的轴线为曲线,其特点是在竖向荷载作用下能产生水平反力（图1-8）。这种水平反力可以减小拱横截面上的弯矩。

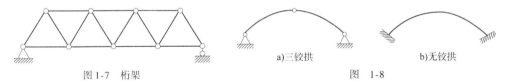

图 1-7 桁架　　　　　　　　　图 1-8

（5）**组合结构**。组合结构是由桁架与梁、桁架与刚架组合在一起形成的结构（图1-9）,其特点是一部分杆件只承受轴力,而另一部分杆件则同时承受弯矩、剪力和轴力。

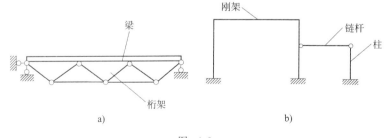

图 1-9

（6）**悬索结构**。悬索结构的主要承重构件为悬挂于塔、柱上的缆索,缆索只受轴向拉力,能最充分地发挥钢材强度,且自重轻,可实现很大的跨度,如悬索屋盖、悬索桥、斜拉桥(图1-10)等。

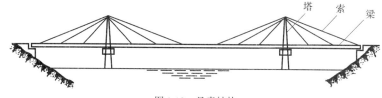

图1-10 悬索结构

1.1.3 荷载的分类

主动作用于结构的外力在工程上统称为荷载,如结构的自重,风、雪的压力等。在实际工程中,荷载根据不同的特征,可分为以下类型:

(1)按荷载作用的范围可分为集中荷载和分布荷载。

集中荷载是指作用于一点或微小面积上的荷载,如起重机吊钩上的物体重力、面积较小的柱体传递到面积较大的基础上的压力等,都可看作是集中荷载。

分布荷载是指作用于一定面积上的荷载。均布荷载是其特例。当荷载连续作用于整个物体体积上时,称为体荷载(如物体的重力);当荷载连续作用于物体的某一表面上时,称为面荷载(如风、雪、水等对物体的压力);当物体所受的力,是沿着一条线连续分布且相互平行的力系,称为线分布力或线荷载,例如梁的自重,可以简化为沿梁的轴线分布的线荷载。

(2)按荷载作用时间的长短可分为恒载和活载。

恒载是指长期作用在结构上的不变荷载,这种荷载的大小、方向、作用位置不随时间而变化,如结构的自重、土压力等。**活载**是指暂时作用于结构上的可变荷载,如行进的列车、人群的重量、风和雪的压力等。

(3)按荷载的作用位置是否变化,可分为固定荷载和移动荷载。

恒载或某些活载(如风、雪等)在结构上的作用位置可以认为是不变的,称为**固定荷载**;而有些活载如列车、汽车、起重机等在结构上行驶时是移动的,称为**移动荷载**。

(4)按荷载对结构所产生的动力效应大小,可分为静荷载和动荷载。

静荷载是指逐渐增加的不引起结构显著振动的荷载。**动荷载**是指引起结构显著振动的荷载,如打桩机产生的冲击荷载,动力机械产生的振动荷载,风及地震产生的随机荷载等。

1.2 绘制工程结构的计算简图

1.2.1 结构的计算简图的定义及选取原则

工程中的实际结构是十分复杂的,如:高层建筑、大型水利工程、桥梁结构、核电站结构、体育馆建筑等,如果不对结构作任何简化,分析计算将十分困难,从工程观点来看也是不必要的。

因此,在进行结构分析之前,需要根据力学知识、结构知识和工程实践经验,经过科学的抽象,并根据实际受力、变形规律等,保留主要因素,略去次要因素,对实际结构进行合理的简化。这一过程称为力学建模,经简化后用于分析计算的模型称为结构计算简图。

选取结构计算简图的一般原则是:

(1) **尽可能符合实际**——正确反映实际结构的受力情况和变形主要性能,使计算结果与结构的实际工作状态足够接近。

(2) **尽可能简单**——忽略次要因素,使分析过程简单,便于计算。

从解决工程实际问题的角度,结构力学的任务又可以包括以下几个方面:一是将实际结构抽象为计算简图(力学模型);二是研究各种计算简图的计算方法和简化原理;三是将计算结果运用于设计与施工。

1.2.2 实际杆件结构的简化

在选取结构计算简图时,需要进行结构的简化、杆件的简化、结点的简化、支座的简化、荷载的简化等。

(1) **结构的简化**。

当结构各杆件的轴线及外力的作用线在同一平面内时,称为平面结构。当结构各杆件的轴线及外力的作用线不在同一平面内,或各杆件的轴线在同一平面内、但外力作用线不在该平面内时,称为空间结构。一般的工程结构实际上都是空间结构,可以根据受力情况和结构特点,忽略一些次要结构的空间约束而将实际结构分解为几个平面结构,以便简化计算。

空间结构分解为平面结构的方法有两种:一是从结构中选取一个有代表性的平面计算单元;二是沿纵向和横向分别按平面结构计算。

如图 1-11a)所示的简单空间刚架,当 F_1 单独作用时,五根横梁 AB、CD、EF、GH、IJ 基本不受力,就可以取纵向平面刚架作为计算简图,如图 1-11b)所示。同理,当 F_2 单独作用时,两根纵梁 AI、BJ 基本不受力,可选取横向平面刚架作为计算简图,如图 1-11c)所示。

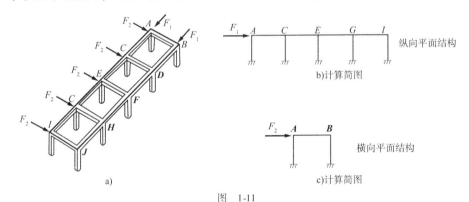

图 1-11

(2) **杆件的简化**。

在计算简图中,杆件通常用其轴线表示。如:梁、柱的轴线为直线,就用相应的直线表示。拱、曲杆的轴线为曲线,则用相应的曲线表示。

(3) **结点的简化**。

结构中杆件相互连接处称为结点。实际工程结构杆件连接处的构造形式多种多样,在计算简图中,通常简化为铰结点、刚结点和组合结点三种。

铰结点。铰结点的特点是汇交于结点的各杆在结点处不能移动,但可以绕结点自由转动。杆件受荷载作用发生变形时,结点上各杆件端部的夹角会发生改变。因此各杆间可以传递集中力,不能传递力矩。木屋架的结点比较接近于铰结点,如图1-12a)所示。

刚结点。刚结点的特点是交汇于结点处的各杆端之间既不能相对移动也不能相对转动,各杆间可以传递力和力矩。杆件受荷载作用发生变形时,结点上各杆件端部的夹角保持不变。如图1-12b)所示为现浇钢筋混凝土刚架的结点,梁和柱在该处浇成整体,可简化成刚结点。

组合结点。在同一结点上,某些杆件相互刚接,另一些杆件铰接,则成为组合结点,如图1-12c)所示。

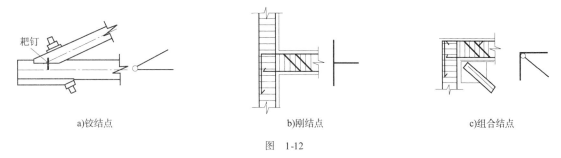

a)铰结点　　　　　　　　b)刚结点　　　　　　　　c)组合结点

图　1-12

(4) **支座的简化**。

结构与基础的连接装置称为支座。其作用是将结构固定在基础上,并将结构上的荷载传递到基础和地基。支座对结构的约束力称为支座反力。支座反力总是沿着它所限制的位移方向。根据支座构造和所起作用的不同,平面结构的支座可简化为以下四种:

可动铰支座。可动铰支座也叫滚轴支座,如图1-13a)所示。它限制某些方向的位移,但不能限制转动。其计算简图与反力如图1-13b)所示。

固定铰支座。固定铰支座也叫铰支座,如图1-14a)所示。它限制各个方向的位移,但不能限制转动。其计算简图及反力如图1-14b)、c)所示。

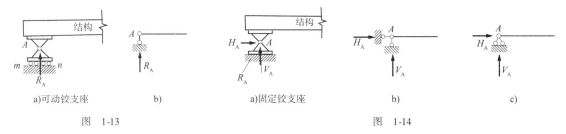

a)可动铰支座　　　b)　　　　　a)固定铰支座　　　b)　　　　　c)

图　1-13　　　　　　　　　　　图　1-14

固定支座。固定支座[图1-15a)]所支承的部分全部被固定,限制结构的全部位移,使之既不能移动也不能转动。它产生三个约束反力。其计算简图及反力如图1-15b)所示。

定向支座。定向支座也叫滑动支座,如图1-16a)所示,它限制某些方向的位移和转动,而允许某一方向产生位移。其计算简图及反力如图1-16b)、c)所示。

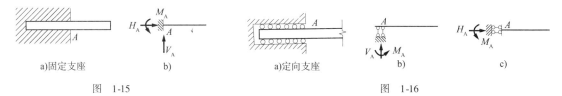

a)固定支座　　　b)　　　　　a)定向支座　　　b)　　　　　c)

图　1-15　　　　　　　　　　　图　1-16

(5) 荷载的简化。

作用于实际结构上的荷载可分为体积力和表面力两大类。体积力是作用在构件整个体积内每一点处的作用力,如自重或惯性力等。表面力则是由其他物体通过接触面传给结构的作用力,如土压力、车辆的轮压力等。荷载按分布情况可简化成线分布荷载、集中荷载和集中力偶。

1.2.3 示例

(1) 支座简化示例。

图1-17所示的预制钢筋混凝土柱置于杯形基础上,基础下面是比较坚实的地基土。如杯口四周用细石混凝土填实[图1-17a)],柱端被坚实地固定,其约束功能基本上与固定支座相同,则可简化为固定支座。如杯口四周填入沥青麻丝[图1-17b)],柱端可发生微小转动,其约束功能基本上与固定铰支座相同,则可简化为固定铰支座。

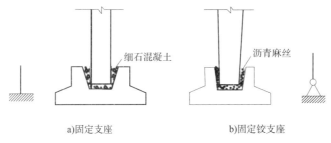

a) 固定支座　　b) 固定铰支座

图 1-17

(2) 绘制结构计算简图示例。

图1-18a)所示的单层厂房结构是一个空间结构。厂房的横向是由柱子和屋架所组成的若干横向单元。沿厂房的纵向由屋面板、吊车梁等构件将各横向单元联系起来。由于横向单元沿厂房纵向有规律地排列,且风、雪等荷载沿纵向均匀分布,因此可以通过纵向柱距的中线,取图1-18a)中阴影线所示部分作为一个计算单元,如图1-18b)所示。从而可以将空间结构简化为平面结构计算。

根据屋架和柱顶端结点的连接情况,进行结点的简化;根据下端的基础构造情况,进行支座的简化,根据支座简化和结点简化示例,便可得到单层厂房的结构计算简图,如图1-18c)所示。

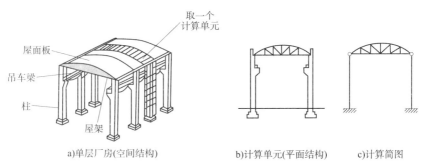

a) 单层厂房(空间结构)　　b) 计算单元(平面结构)　　c) 计算简图

图 1-18

练习题

一、填空题

1. 结构力学的研究对象是_____。
2. 按照几何特征,结构的类型有:_____结构、板壳结构和_____结构。
3. 结构力学的主要任务是研究杆件结构的_____,以及结构在外因作用下_____、_____和稳定性的计算原理和计算方法。
4. 拱是由曲杆构成,在竖向荷载作用下能产生_____的结构。

二、单选题

1. 将结构与基础或支承部分相连接的装置称为(　　)。
   A. 刚结点　　B. 支座　　C. 铰结点　　D. 约束
2. 将实际结构抽象为既能反映结构的实际受力和变形特点又便于计算的理想模型,称为结构的(　　)。
   A. 受力图　　B. 弯矩图　　C. 轴力图　　D. 计算简图
3. 固定支座的反力有水平反力、竖向反力和(　　)。
   A. 轴力　　B. 剪力　　C. 弯矩　　D. 反力偶矩
4. 定向支座的反力分别为(　　)和反力偶矩。
   A. 水平反力　　　　　　B. 竖向反力
   C. 垂直于支承面的反力　　D. 压力

三、绘图题

1. 请绘出下列支座的简图和支座反力。

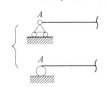 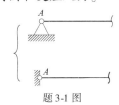 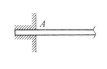

题 3-1 图

2. 试绘出题 3-2 图 a)所示屋架的计算简图,其中图 a)为施工图,图 b)为顶结点详图。

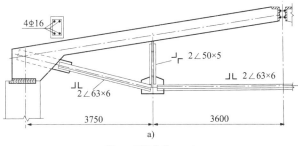

题 3-2 图(单位:mm)

4. 绪论练习题答案

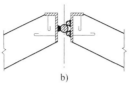

b)

题 3-2 图

实践能力训练任务

【任务描述】

请自行组成 2~4 人的团队,任选下表任务要求中的一个任务,完成实践学习任务单,进行学习效果自评。

实践学习任务单

任务背景	中老昆万铁路是"一带一路"倡议提出后,首条以中方为主投资建设、全线采用中国技术标准、使用中国设备并与中国铁路网直接连通的国际铁路。2016 年开工建设,于 2021 年建成,全长 1022km
任务要求	1. 说明修建中老昆万铁路的意义。 2. 通过查阅资料,说明工程修建中遇到的困难。 3. 分析重点工程和技术难题。重点工程有:元江特大桥、阿墨江双线特大桥、万和隧道、友谊隧道等
研究目的	培养专业精神□　了解桥梁隧道的受力特点□　欣赏桥隧工程的艺术美□　了解桥梁隧道的施工技术难点□　了解中老铁路的地质条件□
完成方式	集体研讨□　收集网络信息□　查找图书资料□　咨询导师□ 其他:
成果形式	论文□　报告□　图片□　PPT 课件□　图纸□　模型□
训练记录	1. 确定主题: 2. 团队成员: 3. 任务分工: 4. 时间安排: 5. 其他:
学习效果自评	团队合作□　工作效率□　交流沟通能力□　获取信息能力□　写作能力□　表达能力□　独立工作能力□ (根据小组完成任务情况填写 A:优秀 B:良好;C:合格;D:有待改进)

模块一
MODULE ONE
平面杆件体系的组成分析

学习目标

▶ **能力目标**

1. 能够列举一杆件体系,阐述几何不变体系的组成规则;
2. 能够用静定结构组成规则对平面杆件体系进行几何组成分析。

▶ **知识目标**

1. 知道自由度、计算自由度、约束、单铰与复铰、实铰与虚铰、静定结构与超静定结构等概念;
2. 会计算平面杆件体系的自由度;
3. 能叙述几何不变体系的组成规则。

5. 模块一素质目标

6. 模块一思维导图

任务2 平面杆件体系的自由度计算

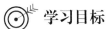

工程引导

满堂支架法是一种按一定间隔,密布搭设,起支撑作用的脚手架的施工方法。常用于现浇桥梁施工及现浇楼板施工(图2-1)。

在实际工作中,满堂支架在搭设、使用和拆除过程中事故频发,其中一些同类事故反复出现。发生这些事故的主要原因有:

①构架缺陷:构架缺少必须的结构杆件,未按规定数量和要求搭设等;

②在使用过程中随意拆除必不可少的杆件；
③构架尺寸过大，承载能力不足、设计安全度不够或严重超载；
④地基出现过大的不均匀沉降。

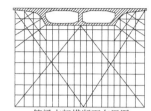
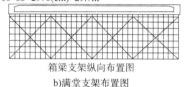

a)用于桥梁施工时的满堂支架　　　b)满堂支架布置图

图 2-1

以上都是因为结构受力不当造成的，可见，正确分析并计算结构受力的重要性。

问题思考

图 2-2a)所示为由两根竖杆和一根横杆绑扎组成的简易支架。假设竖直杆在地基上埋得较浅，则支点 C 和 D 可视为铰支座，结点 A 和 B 可视为铰结点，支架的计算简图如图 2-2b)所示。试问：

(1)在 A 点施加一个水平力，如图 2-2b)所示，该支架的形状和 A、B 两点的位置是否保持不变？

(2)如图 2-2c)所示，在支架上增加一根斜杆 AD 后，同样在 A 点施加一个水平力，该支架的形状和 A、B 两点的位置是否保持不变？

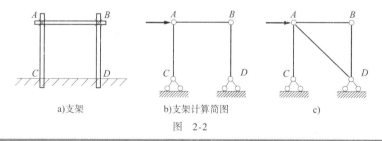

a)支架　　　　b)支架计算简图　　　　c)

图 2-2

2.1 判断几何不变体系与几何可变体系

根据杆件体系形状和位置的可变性，杆件体系可分为几何不变体系和几何可变体系。

几何不变体系。若一个体系内部各杆件之间不发生相对运动，并且杆件体系相对地基也不发生运动，该体系就可视为几何不变体系。受到任意荷载作用后，若不考虑材料的应变，其几何形状和位置都能保持不变的体系。如图 2-3a)所示体系的几何形状和位置均不会发生改变。可见,该体系具有几何稳定性,在任意荷载作用下都能够维持平衡。

几何可变体系。受到任意荷载作用后,若不考虑材料的应变,其几何形状和位置可以发生改变的体系。如图 2-3b)、c)所示两体系的几何形状或位置发生了改变。可见,这两个体系不具有几何稳定性,它们在任意荷载作用下都不能维持平衡。

瞬变体系。受到任意荷载作用后,若不考虑材料的应变,其几何形状和位置可以发生微小改变。如图 2-3d)所示。

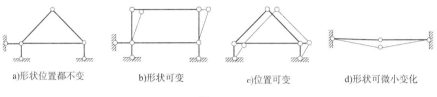

a)形状位置都不变　　b)形状可变　　c)位置可变　　d)形状可微小变化

图 2-3

7. 任务2电子教案

在工程实际中,结构必定会受到荷载的作用,而只有几何不变体系才能承受荷载维持平衡,因此工程结构必须采用几何不变体系,工程技术人员必须保证所设计或搭建的结构是几何不变体系。

2.2 平面体系的计算自由度

2.2.1 自由度

体系运动时,用来确定位置所需要的独立的坐标数目称为**自由度**。

如图 2-4a)所示为平面内一点 A 在平面内自由运动时,确定它的位置只需 x 和 y 两个坐标,所以平面内的一个点在平面内有 2 个自由度。

如图 2-4b)所示为一**刚片**(即平面刚体)AB 在平面内自由运动时,确定其位置所需要的独立坐标为 x、y 和 φ,因此,平面内的一个刚片具有 3 个自由度。

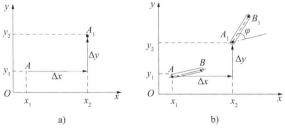

图 2-4

2.2.2 约束

对体系施加某种装置以限制其运动,就能减少自由度,这种装置称为约束。凡是能使体系减少一个自由度的装置称为一个约束。因此,对体系施加几个约束,可使它减少几个自由度。结构中的理想铰和支座链杆就是这种约束。(这里的约束指的是能使自由度减少的必要约束,而多余约束并不能使自由度减少。)

(1) **单铰与复铰**。

仅连接两个刚片的铰称为**单铰**,如图 2-5a)所示。一个铰结点相当于 2 个约束。

同时连接 $n(n \geq 3)$ 个刚片的铰,称为**复铰**,如图 2-5d)所示。复铰相当于 $(n-1)$ 个单铰,是 $2(n-1)$ 个约束。

(2) **单链杆与复链杆**。

仅用于将两个刚片连接在一起的两端铰接的杆件称为**单链杆**(简称链杆),如图 2-5b)所示。1 根单链杆相当于 1 个约束。同时连接多个刚片的链杆称为**复链杆**,如图 2-5e)所示。

(3) **单刚结点与复刚结点**。

仅连接两杆的刚结点,如图 2-5c)所示。一个刚结点相当于 3 个约束。同时连接多个刚片的刚结点称为**复刚结点**,如图 2-5f)所示。连接 n 个刚片的复刚结点相当于 $(n-1)$ 单刚结点,是 $3(n-1)$ 个约束。

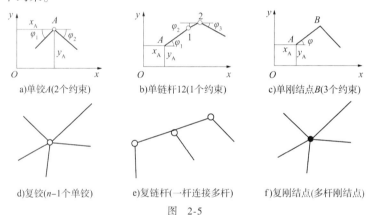

a) 单铰 A(2个约束)　　b) 单链杆12(1个约束)　　c) 单刚结点 B(3个约束)

d) 复铰($n-1$个单铰)　　e) 复链杆(一杆连接多杆)　　f) 复刚结点(多杆刚结点)

图 2-5

(4) **支座**。

结构与基础连接的装置即支座。根据前述所学知识可知:可动铰支座有 1 个约束,相当于 1 根链杆;固定铰支座有 2 个约束,相当于 2 根链杆;固定端支座有 3 个约束,相当于 3 根链杆;滑动支座有 2 个约束,相当于 2 根链杆。

(5) **实铰和虚铰**。

如图 2-6a)所示,当刚片Ⅰ、Ⅱ用交于 A 点的两根链杆连接时,两链杆对刚片的约束作用与两刚片在该处用一个铰连接的约束作用相同,如图 2-6b)所示,这时两链杆的交点称为实铰。

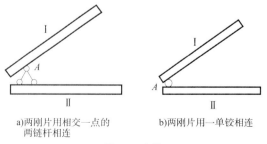

a) 两刚片用相交一点的两链杆相连　　b) 两刚片用一单铰相连

图 2-6　实铰

如图2-7a)、b)所示,当刚片Ⅰ、Ⅱ用两根链杆连接时,这两根链杆的作用与位于两杆交点或延长线的交点 O 的铰作用完全相同,则交点 O 称之为**虚铰**。若这两根链杆是平行的,如图2-7c)所示,则认为虚铰的位置在沿链杆方向的无穷远处。

8.认识虚铰

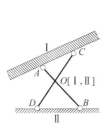
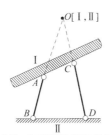
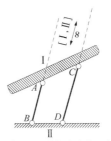

a)虚铰O在两根链杆交点　　b)虚铰O在两根链杆延长线交点　　c)虚铰O在沿两根链杆方向的无穷远处

图 2-7　虚铰

2.2.3　计算自由度

体系中各组成部分的总自由度减去体系中总约束数计作 W,称为体系的自由度。设体系中的刚片数为 m,单铰数为 h,支座链杆数为 r。由此定义计算自由度可用式(2-1):

$$W = 3m - 2h - r \qquad (2-1)$$

若体系完全由两端铰接的杆件所组成,设铰结点数为 j,杆件数为 b,支座链杆数为 r,该体系的自由度可用式(2-2)计算:

$$W = 2j - b - r \qquad (2-2)$$

9.自由度计算示例

例 2-1　计算图2-8所示平面体系的自由度。

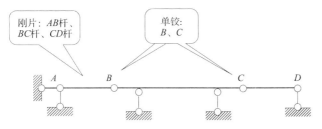

图 2-8

解:如图2-8所示,刚片数 $m=3$,单铰数 $h=2$,支座链杆数 $r=5$,则有:

$$W = 3m - 2h - r = 3 \times 3 - 2 \times 2 - 5 = 0$$

自由度 $W=0$,说明体系的总自由度数目与总约束数目相等。

例 2-2　计算图2-9所示平面体系的自由度。

解:如图2-9所示,刚片数 $m=6$,单铰数 $h=8$,支座链杆数 $r=3$,则有:

$$W = 3m - 2h - r = 3 \times 6 - 2 \times 8 - 3 = -1$$

自由度 $W = -1 < 0$,总约束数目多于自由度数目。说明体系有一个多余约束。

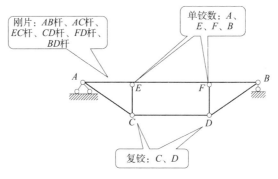

图 2-9

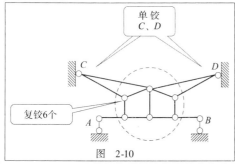

图 2-10

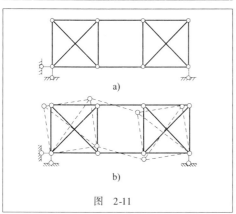

图 2-11

例 2-3 计算图 2-10 所示平面体系的自由度。

解：如图 2-10 所示，根据式(2-1)，刚片数 $m = 13$，单铰数 $h = 16$，支座链杆数 $r = 6$，则有：

$$W = 3m - 2h - r = 3 \times 13 - 2 \times 16 - 6 = 1$$

由于该体系完全由两端铰接的杆件所组成，可根据式(2-2)计算。

自由度 $W = 1$，总自由度数目多于总约束数目。说明该体系为几何可变体系。

例 2-4 计算图 2-11a)所示平面体系的自由度。

解：方法一：将图 2-11a)视为刚片体系。

图示体系刚片数 $m = 14$，单铰数 $h = 20$，支座链杆数 $r = 3$，则有：

$$W = 3m - 2h - r = 3 \times 14 - 2 \times 20 - 3 = -1$$

方法二：将图 2-11a)视为由链杆联结的结点体系。

铰结点数 $j = 8$，链杆数 $h = 14$，支座链杆数 $r = 3$，则有：

$$W = 2j - b - r = 2 \times 8 - 14 - 3 = -1$$

讨论：图 2-11a)所示体系由于第一、三两个节间分别存在多余约束，而第二节间缺少必要约束，其实际自由度为 1，体系可以发生如图 2-11b)虚线所示的刚体位移。因此，该体系是几何可变的。计算自由度 $W \leq 0$ 只是满足了几何不变的必要条件。

由以上计算示例可知，平面体系计算自由度的结果有以下三种情况：

（1）$W > 0$，表明体系缺少足够的约束，还可以运动，体系是几何可变的。

（2）$W = 0$，表明体系具有保证几何不变所必需的最少约束数目。

（3）$W < 0$，表明体系具有多余的约束。

因此，一个几何不变体系必须满足 $W \leq 0$ 的条件。但当 $W \leq 0$ 时，由于可能存在多余约束和约束配置不当，就可能导致体系的一部分有多余约束，而另一部分又是可变的，整体就是可变的。即：$W \leq 0$ 是体系几何不变的必要条件。

2.2.4 静定结构与超静定结构

土木建筑、桥梁和水利工程结构，都必须是几何不变体系。根据静力特征，平面杆系结构可以分为静定结构与超静定结构两种。

静定结构是无多余约束的几何不变体系，可以利用平衡条件计算出全部的支座反力和杆件内力，如图2-12a)所示。

超静定结构是有多余约束的几何不变体系，结构的支座反力和杆件内力不能由平衡条件确定，如图2-12b)所示。

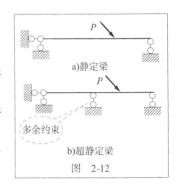

图 2-12

任务3　静定结构的组成规则与分析

| 课前学习任务 |

工程引导

脚手架是为了保证建筑施工过程顺利进行而搭设的工作平台(图3-1)。

a)脚手架

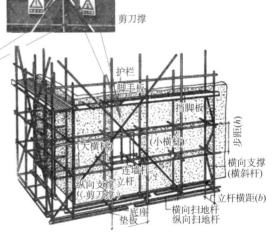

b)扣件式钢管脚手架的组成

图 3-1

问题思考

对于脚手架请思考以下问题：
(1) 什么是剪刀撑？
(2) 剪刀撑的作用是什么？

（3）在《建筑施工扣件式钢管脚手架安全技术规范》(JGJ 130—2011)中对搭设剪刀撑有什么具体规定？

3.1 静定结构的基本组成规则

静定结构是指无多余约束的几何不变体系。静定结构是组成超静定结构的基础，在静定结构上增加约束即可构成超静定结构。熟练掌握静定结构组成规则，就能确定一个结构是静定结构还是超静定结构，还可以确定哪些约束是多余约束，这对后续用力法计算超静定结构问题是关键的第一步。

静定结构的基本组成规则有以下三个。

3.1.1 三刚片规则

三刚片规则：三个刚片用不在同一直线上的三个单铰两两相联，组成的体系是几何不变的，如图3-2a）所示。

由此可见，由不共线三铰形成的一个铰接三角形是几何不变体系，且无多余约束。根据这一规则可构造出静定结构三铰刚架[图3-2b)]和三铰拱[图3-2c)]。

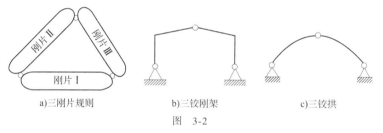

a)三刚片规则   b)三铰刚架   c)三铰拱

图 3-2

需要注意的是：

（1）三刚片规则中的刚片形状是可以转换的，如三铰刚架中的折杆也可用直杆来代替。

（2）三刚片规则的三铰可以是实铰也可以是虚铰，如图3-3a)所示。

（3）如果三铰共线，则为瞬变体系。如图3-3b)所示，因虚铰在无穷远处，则视为与另外两铰在一条直线上。

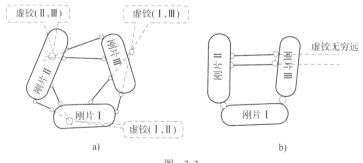

a)   b)

图 3-3

3.1.2 两刚片规则

两刚片规则:两个刚片用一个单铰和一根不通过该铰的链杆相联,组成的体系是几何不变的[图 3-4a)]。也可表述为:两个刚片用三根既不平行也不交于一点的链杆相连,组成的体系是几何不变的[图 3-4b)]。两刚片规则中的单铰可以是实铰也可以是虚铰[图 3-4c)]。

图 3-4

根据两刚片规则可构造出静定结构,如图 3-5 所示的梁式结构。

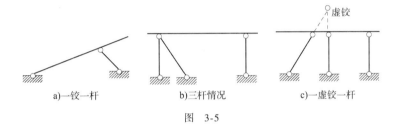

图 3-5

3.1.3 二元体规则

二元体规则:在任意一个体系上增加或拆除二元体,都不会改变原有体系的几何可变性。

二元体:在一个刚片上用两根不共线链杆铰接生成一个新的结点,这种产生新结点的构造称为二元体,如图3-6a)所示。二元体的常见形式还有折线链杆和曲线链杆,如图3-6b)、c)所示,其作用都是构造了一个新结点 A,折线链杆和曲线链杆的作用与直链杆相同。

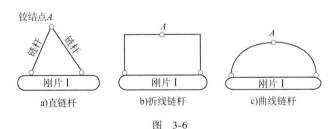

图 3-6

利用二元体规则,可在一个两刚片规则或三刚片规则构成的静定结构基础上,通过增加二元体组成新的静定结构,如图 3-7 所示。与基础相连的静定结构称为基本部分,其上后增加的二元体称为附属部分。需要注意的是,这类结构的组成有先后顺序,如图 3-7a)所示先构造 ACB,然后加上 DFE,ACB 是基本部分,DFE 是附属部分。

在结构力学中,这三个规则主要是用来判定一个体系是否属于几何可变,是否具有多余约束,或者分析体系的组成顺序以便选取计算方法等等。

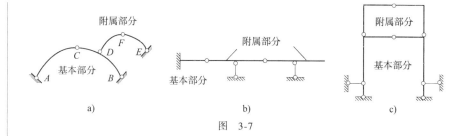

图 3-7

3.2 瞬变体系的讨论

在上述几何不变体系的组成规则中,每一个规则都有其限制条件,如要求连接两刚片的三链杆"不完全平行且不交于一点",连接三刚片的三个铰"不在同一直线上"等。下面讨论不满足这些条件时会发生什么情况。

(1) 当两刚片由交于一实铰的三根链杆相连时[图 3-8a)],两刚片可持续发生绕 O 点的相对转动;当两刚片由平行且等长的三根链杆相连时[图 3-9a)],两刚片可持续发生相对移动。这种可持续发生刚体运动的体系称为**几何常变体系**。

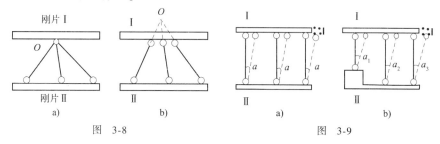

图 3-8　　　　图 3-9

(2) 当连接两刚片的三根链杆交于一虚铰时[图 3-8b)],两刚片也可绕 O 点相对转动,当发生微小转动后三链杆的延长线不再交于一点,此时两刚片也不再发生相对转动。当连接两刚片的三根链杆平行但不等长时[图 3-9b)],在两刚片发生微小的相对平动后,三链杆不再全部平行,此时两刚片也不再发生相对移动,这种经过微小运动后即转化成几何不变的体系称为**几何瞬变体系**。

图 3-10 所示各体系均为几何瞬变体系,Ⅰ、Ⅱ、Ⅲ均为刚片。在图 3-10e) 中的三个刚片用三对平行链杆相连时,三虚铰在无穷远处是否共线呢?根据几何学知识:平面上不同方向的所有无穷远点的集是一条直线,称为无穷远直线,而一切有限远点均不在这一直线上。所以,三虚铰均在无穷远处时应为几何瞬变体系。

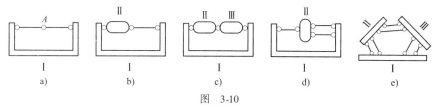

图 3-10

(3)瞬变体系的受力分析。

如图 3-11a)所示为基础、AC 杆、BC 杆用三铰两两相连,三铰共线,属于几何瞬变体系。在力 P 作用下,C 点向下发生一微小位移后,三铰不共线运动就不再继续,随之转化成几何不变体系。下面来分析杆件内力的变化情况。取结点 C 为研究对象,画出铰结点 C 的受力图,如图 3-11b)所示。

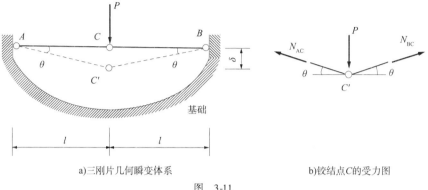

a)三刚片几何瞬变体系　　　　　　b)铰结点C的受力图

图 3-11

由平衡方程有:

$$\sum X = 0, N_{AC} = N_{BC} = N$$
$$\sum Y = 0, 2N \cdot \sin\theta - P = 0$$

得:
$$N = \frac{P}{2\sin\theta}$$

当 $\theta = 0$ 时,三铰共线为几何瞬变体系。当 θ 减小时,N 增大。只要 $P \neq 0, \theta \neq 0$,当 C 铰发生微小位移时,有 $\theta \to 0$,此时杆件内力 $N \to \infty$。这表明,几何瞬变体系即使在很小的荷载作用下,也会产生很大的内力,从而导致体系的破坏。因此在工程结构中不能采用几何瞬变体系,而且接近几何瞬变的体系也应避免。

3.3　杆件结构的几何组成分析

利用几何不变体系的组成规则对一个体系进行几何组成性质的判定过程,称为几何组成分析。

体系几何组成分析的基本步骤为先计算体系的自由度 W,根据 W 的计算结果按以下步骤进行分析:

(1)若 $W > 0$,可知体系为几何可变。

(2)若 $W \leq 0$,则应利用几何不变体系的组成规则对体系作进一步分析。

例 3-1　试对图 3-12a)所示体系进行几何组成分析。

解:计算自由度 $W = 2j - b - r = 2 \times 10 - 13 - 7 = 0$

由图 3-12a)可知,该体系的杆件数和支座链杆数较多,不易直接利用两刚片规则或三刚片规则。观察支座链杆 AB 的 B 铰属于两杆铰结点,符合二元体的构造要求。利用二元体规则,依次拆除二元体 1~8 后

12.几何组成
分析示例

[图3-12b)],只剩下地基,故原体系为几何不变体系且无多余约束。

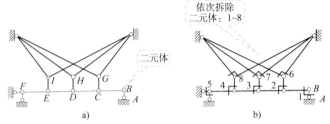

图 3-12

例 3-2 试对图 3-13a)所示体系进行几何组成分析。

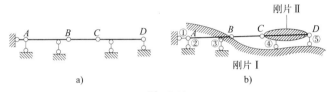

图 3-13

解:(1)计算自由度:$W = 3m - 2h - r = 3 \times 3 - 2 \times 2 - 5 = 0$。

(2)AB 杆与地基之间用三根既不平行也不相交的三杆①、②、③相联,符合两刚片规则,为有五个多余约束的几何不变部分。将刚片 AB 与地基视为一个扩大的基础刚片Ⅰ[图3-13b)]。

(3)将 CD 杆视为刚片Ⅱ。刚片Ⅰ与Ⅱ之间用三根既不平行也不相交的三杆④、⑤和 BC 相连,符合两刚片规则,组成无多余约束的几何不变体[图3-13b)]。

故整个体系为几何不变且无多余约束。

例 3-3 试对图 3-14a)所示体系进行几何组成分析。

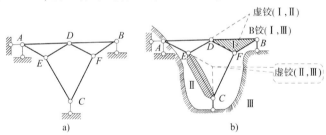

图 3-14

解:(1)计算自由度:$W = 2j - b - r = 2 \times 6 - 8 - 4 = 0$。

(2)选取铰接三角形 BDF 为刚片Ⅰ;杆 EC 为刚片Ⅱ,地基为刚片Ⅲ。刚片Ⅰ与刚片Ⅱ之间有两杆 ED、FC 相联;刚片Ⅰ与刚片Ⅲ之间有杆 AD、B 处支座链杆相联;刚片Ⅱ与刚片Ⅲ之间有杆 AE、C 处支座链杆相联。三个刚片之间各有两根链杆相联,相应的三个虚铰如图3-14 b)所示,三个铰不在同一直线上,符合三刚片规则,故该体系为无多余约束的几何不变体系。

练习题

一、填空题

1. 任意荷载作用后其位置和形状都保持不变的体系称为_____。

2. 任意荷载作用后其位置和形状不能保持不变的体系称为_____。

3. 凡能减少体系自由度的装置称为_____。

4. 无多余约束的几何不变体系称为_____。

二、单选题

1. 一个单铰相当于(　　)根单链杆。
   A. 1　　　　B. 3　　　　C. 4　　　　D. 2

2. 一个刚结点相当于(　　)根单链杆。
   A. 3　　　　B. 2　　　　C. 1　　　　D. 4

3. 三个刚片用不在同一直线上的三个单铰两两相联,组成的体系是几何不变的,该规则称为(　　)。
   A. 二元体规则　　　　　　B. 三刚片规则
   C. 两刚片规则　　　　　　D. 都不是

4. 有多余约束的几何不变体系称为(　　)。
   A. 静定结构　　　　　　　B. 平面结构
   C. 超静定结构　　　　　　D. 杆件结构

5. 在某一平面内运动,没有受到约束的点,即平面自由点,具有(　　)个自由度。
   A. 0　　　　B. 1　　　　C. 2　　　　D. 3

6. 在某一平面内运动,没有受到约束的刚体,即平面自由刚体,具有(　　)个自由度。
   A. 0　　　　B. 1　　　　C. 2　　　　D. 3

7. 一个连接3个杆件的铰,相当于(　　)个约束。
   A. 1　　　　B. 2　　　　C. 3　　　　D. 4

8. 除去一个(　　)后,体系的自由度将增加一个。
   A. 必要约束　　　　　　　B. 多余约束
   C. 链杆　　　　　　　　　D. 铰

三、计算题

1. 计算题 3-1 图 a) 和 b) 平面体系的自由度。

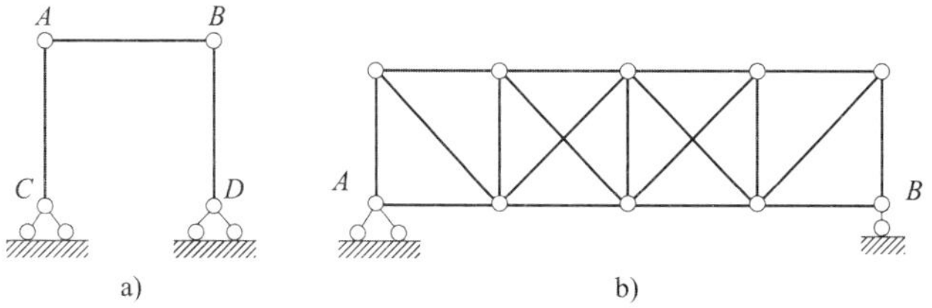

题 3-1 图

$m =$ 　　 $h =$ 　　 $r =$ 　　　　　　　　$j =$ 　　 $b =$ 　　 $r =$

$W = 3m - 2h - r$　　　　　　　　　　　　$W = 2j - b - r$

　　=　　　　　　　　　　　　　　　　　　=

2. 如题 3-2 图所示平面杆件体系,求:(1)计算体系的自由度。(2)对体系进行几何组成分析。

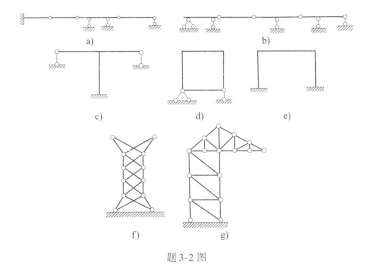

题 3-2 图

3. 对题图 3-3 所示体系进行几何组成分析。

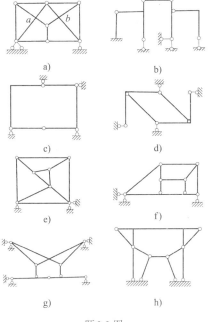

题 3-3 图

实践能力训练任务

【任务描述】

课外观看:CCTV 纪录片《中国桥梁》第 1 集"钱塘风雨"。该片主要内容如下。这是一座经历了磨难和沧桑的大桥。如果按人的年龄来算它已年逾七旬,它像一个洞察世事的老人在滚滚的江流上见惯了潮落潮涌,也亲眼见证了中国桥梁界 70 年奋斗的风雨历程。而它自身的经历就是一部传奇。它在刚刚建成 89 天时就被设计者炸毁。这座桥就是著名的钱塘江大桥。它的设计者正是我国桥梁专家茅以升。这座桥的苦难却也奠定了中国桥梁业的复兴。节目讲述了钱塘江大桥不为人知的建造故事。

1. **谈谈体会**：两人一组，谈一谈对桥梁大师茅以升"不复原桥不丈夫"血泪誓言的感想。
2. **撰写主题报告**：每两人一组，自拟主题。每组完成一份不少于 2000 字的报告。

报告要求包含以下内容：

(1) 描述建设钱塘江大桥的历史背景、桥梁结构特点、主要施工工艺等。

(2) 钱塘江大桥施工难度简析。对水文条件、地质条件和施工难度进行分析说明。

(3) 介绍钱塘江大桥建造过程中创新的三大施工方法。对沉箱法、射水法和浮运法的原理进行分析。

(4) 谈谈茅以升的爱国情怀和科学创新精神。

(5) 结合自身述说如何将青春梦与中国梦对接。

模块二 MODULE TWO
静定结构的受力分析与位移计算

> **学习目标**
>
> ▶ **能力目标**
> 1. 会快速准确判断桁架中的零杆;
> 2. 能够准确绘制静定多跨梁、刚架的内力图;
> 3. 能够计算桁架和三铰拱的内力;
> 4. 会根据拱上荷载类型选择合理的拱轴线。
>
> ▶ **知识目标**
> 1. 能够说明桁架、多跨梁、刚架、拱的定义和受力特点;
> 2. 知道结点法和截面法计算桁架时的应用原则;
> 3. 掌握合理拱轴线的定义。

14. 模块二素质目标

15. 模块二思维导图

任务4 静定平面桁架的内力计算

课前学习任务

工程引导

图 4-1 所示的黄河第一座铁路桥和中央电视台主楼都是采用的钢结构。

黄河第一座铁路桥为单线铁路桥,于 1903 年 9 月开工,1905 年(清朝光绪三十一年)11 月 15 日竣工,1906 年 4 月 1 日通车,是黄河上修建的第一座铁路桥。

中央电视台总部大楼(主楼)由两栋分别为 52 层 234m 高和 44 层 194m 高的塔楼组成,设

10层裙楼,并由在162m高空大跨度外伸,高14层重1.8万t的钢结构大悬臂相交对接,总用钢量达14万t,两座塔楼分别向内倾斜6°,在163m以上由"L"形悬臂结构连为一体。主楼的结构是由许多个不规则的菱形渔网状金属脚手架经过精密计算构成的。塔楼连接部分的结构借鉴了桥梁建筑技术,悬空部分有11层楼高,包括一段伸出75m的悬臂,前端没有支撑。

a)黄河第一铁路桥

b)中央电视台主楼

图 4-1

问题思考

两人一组,通过查阅图书资料和网络信息,回答下列问题。
(1)介绍黄河第一座铁路桥的建造历史。
(2)黄河第一座铁路桥有什么结构特点?
(3)中央电视台主楼的高度是多少?
(4)谈谈中央电视台主楼的结构特点。

4.1 静定平面桁架概述

4.1.1 桁架的组成及特点

桁架在工程中应用很广。桥梁工程中,如武汉长江大桥和南京长江大桥的主体结构就用的是桁架;施工中用的脚手架、输电线的铁塔架、起重机架等,都是桁架的实例;许多民用房屋和工业厂房的屋架结构也是桁架。

实际工程中的桁架是由若干直杆,在两端用适当方式连接而成的,连接方式各式各样,按照实际的桁架结构进行内力计算是较困难的。因此,在分析桁架时,必须抓住实际桁架的本质特性,选择便于计算的简图,所以通常将实际工程中的桁架进行简化,作如下假设:

(1)连接桁架杆件的各结点都是无摩擦的理想铰。
(2)各杆轴都是直线,并在同一平面内且通过铰中心。
(3)荷载和支座反力都作用在结点上并位于桁架平面内。

符合上述假定的桁架称为理想桁架,理想桁架中的各杆都是二力杆,即只受轴力,截面上的应力分布均匀,材料能够得到充分的利用。桁架是大跨径结构常用的一种形式。

应注意实际工程中的桁架与理想桁架的区别。除木桁架的榫结点比较接近铰接点外,钢桁架和钢筋混凝土桁架等各杆件通过焊接、铆接连接在一起,结点具有很大的刚性,与理想铰假设不相符;有些杆件无法绝对平直,结点上各杆的轴线也不一定完全通过铰中心。因此,实际桁架在荷载作用下,各杆除了承受轴力,还承受弯矩和剪力等内力。通常把按照计算简图求得的内力称为桁架主内力,而实际情况与上述假定不同而产生的附加内力称为次内力。但科学研究和工程实践表明,次内力一般情况下对桁架的影响可忽略不计。因此,本教材只研究桁架主内力。

图 4-2 所示为桁架的计算简图。桁架上、下边缘杆件分别称为上弦杆和下弦杆,上、下弦杆之间的杆件称为腹杆,腹杆又分为竖杆和斜杆。弦杆相邻两结点间的距离 d 称为节间长度,两支座间的水平距离 l 称为跨度,桁架最高点至支座连线的垂直距离 h 称为桁架高度,桁架高度与跨度的比值称为高跨比。

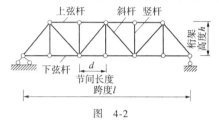

图 4-2

4.1.2 桁架的分类

平面桁架可按照不同的特征进行分类。

桁架按照几何组成可分为三类:

(1)简单桁架[图 4-3a)、b)]:由基础或一个铰接三角形依次增加二元体所组成的桁架。

(2)联合桁架[图 4-3c)]:由几个简单桁架,按几何不变体系的基本组成规则联结成的桁架。

(3)复杂桁架[图 4-3d)]:与上述两种桁架组成不同的都称复杂桁架。

按照支座反力的性质可将桁架分为两类:

(1)梁式桁架:无推力桁架,如图 4-3a)、b)、c)、d)、e)所示。

(2)拱式桁架:有推力桁架,如图 4-3f)所示。

按照桁架外形可将其分为三类:

(1)平行弦桁架[图 4-3a)]:多用于桥梁、梁式起重机和托架等。

(2)三角形桁架[图 4-3c)]:多用于民用房屋建筑。

(3)折线形桁架[图 4-3e)]:多用于较大跨度的桥梁和工业与民用建筑。

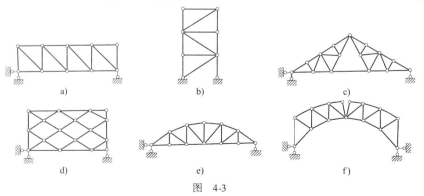

图 4-3

4.2 静定平面桁架内力分析

对于理想桁架,内力只有轴力,用 N 表示。规定:拉伸时的轴力为正,压缩时的轴力为负。在计算桁架杆件轴力时,一般先假定轴力为正(即杆件受拉,轴力箭头背离截面),若计算结果为正,则该杆轴力为拉力,若计算结果为负,则该杆轴力为压力。

静定平面桁架内力计算方法通常有两种:结点法和截面法。

4.2.1 结点法

结点法是计算简单桁架内力的基本方法之一。结点法是以桁架的结点为研究对象,根据各结点平衡条件来计算杆件内力的方法。因为桁架的各杆只承受轴力,所以每个结点上作用有一个平面汇交系,对每个结点可以列出两个平衡方程,求解出两个未知力。

具体计算步骤是:首先由整体平衡求出桁架支座反力,然后从两个杆件组成的结点开始使用结点法,依次倒算回去,即可求出桁架各杆的轴力。

例 4-1 求如图 4-4a)所示桁架各杆的轴力。

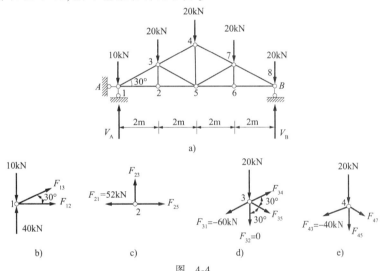

图 4-4

解:(1)计算支座反力。以桁架整体为分离体,求得:
$$V_A = V_B = 40 \text{kN}(\uparrow)$$

(2)依次取结点 1、2、3、4 为分离体,列平衡方程计算各杆轴力。

结点 1:受力图如图 4-4b)所示,F_{12}、F_{13} 是未知的,列平衡方程计算,得:
$$\sum X = 0, F_{12} + F_{13}\cos 30° = 0$$
$$\sum Y = 0, 40 - 10 + F_{13}\sin 30° = 0$$

求得 $F_{12} = 52 \text{kN}$(拉力),$F_{13} = -60 \text{kN}$(压力)

结点 2:受力图如图 4-4c)所示,F_{23}、F_{25} 是未知的,列平衡方程计算,得:
$$\sum X = 0, F_{25} = F_{21} = 52 \text{kN}(拉力)$$
$$\sum Y = 0, F_{23} = 0$$

结点 3:受力图如图 4-4d)所示,F_{34}、F_{35} 是未知的,列平衡方程计算,得:

17. 零杆判断

$$\sum X = 0, F_{34}\cos30° + F_{35}\cos30° - F_{31}\cos30° = 0$$
$$\sum Y = 0, F_{34}\sin30° - F_{35}\sin30° - F_{31}\sin30° - 20 = 0$$

求得 $F_{34} = -40\text{kN}(压力), F_{35} = -20\text{kN}(压力)$

结点 4：受力图如图 4-4e) 所示，F_{45}, F_{47} 是未知的，列平衡方程计算，得：
$$\sum X = 0, F_{43} = F_{47}$$
$$\sum Y = 0, -F_{45} - 20 - 2F_{43}\sin30° = 0$$

求得 $F_{45} = 20\text{kN}(拉力), F_{47} = -40\text{kN}(压力)$

因为结构及荷载都是对称的，处于对称位置的杆件轴力相同，即桁架中的内力也是对称分布的，所以只需计算一半桁架的轴力。

值得注意的是，在上例桁架计算中有杆件内力为零的情况。这种内力为零的杆件称为**零杆**。在桁架内力计算之前，若先能把零杆找出，会大大简化计算。下面总结一些常见特殊结点，根据结点的平衡方程，得出以下结论：

(1) 不共线的两杆结点，若无荷载作用 [图 4-5a)]，则两杆内力均为零。

(2) 不共线的两杆结点，若有荷载作用，且与其中一杆共线 [图 4-5b)]，则另一杆必为零杆。

(3) 无荷载作用的三杆结点上，若其中两杆共线 [图 4-5c)]，则第三杆必为零杆，共线的两杆内力大小相等且性质相同，有 $N_1 = N_2$。

(4) 无荷载作用的四杆结点上，若两两共线 [图 4-5d)]，则共线的两杆的内力大小相等且性质相同，有 $N_1 = N_2, N_3 = N_4$。

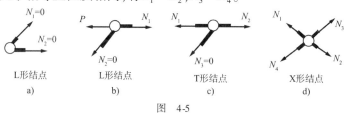

图 4-5

注意事项：

(1) 零杆虽然内力为零，但并非是无用的杆，它只是在特定荷载下内力为零，若荷载改变，它的内力就可能不为零。

(2) 从几何组成看，静定平面桁架是没有多余约束的几何不变体系，若把零杆去除，将变成几何可变体系，不能用作结构。

应用以上结论，不难判断出图 4-6 中两桁架的零杆。图 4-6a)、b) 中虚线所示各杆皆为零杆。在计算桁架内力时，若先判断出零杆，便可使计算工作得以简化。

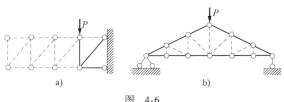

图 4-6

4.2.2 截面法

在分析桁架内力时,如果只需计算某几根杆的内力,就可以采用截面法。所谓**截面法**,就是取一假想截面将桁架截成两部分(至少包括两个结点),选取其中任一部分为分离体,根据其平衡条件来计算所截杆件的内力。所取分离体通常构成平面一般力系,可列三个独立的平衡方程。因此,只要分离体上的未知杆件数不超过三个,且它们既不相交于一点也不平行,就可利用截面法,直接把截断杆件的轴力全部求出。

在用截面法求解时,为了避免解联立方程,使计算复杂化,应多采用力矩平衡方程,如果矩心选取得当,一个方程仅有一个未知力,将使计算大为简化。

18.桁架截面法技巧

例 4-2 用截面法求图 4-7a)所示桁架中杆 1、2、3 的内力。

解:(1)求支座反力。以桁架整体为分离体,求得:
$$H_A = 0, V_A = V_B = 2.5F$$

(2)求杆 1 内力。用截面Ⅰ-Ⅰ将桁架截开,取截面Ⅰ-Ⅰ左半部为分离体[图 4-7b)]。列平衡方程,得:
$$\sum Y = 0, 2.5F - F_1 - F = 0$$

得:
$$F_1 = 0.5F$$

(3)求杆 2、3 内力。用截面Ⅱ-Ⅱ将桁架截开,取截面Ⅰ-Ⅰ右半部为分离体[图 4-7c)]。列平衡方程,得:
$$\sum M_C = 0, F_2 a + 2.5Fa - Fa = 0$$
$$\sum Y = 0, F_3 \cos 45° + 2.5F - F - F = 0$$

得:
$$F_3 = -\frac{\sqrt{2}}{2}F, F_2 = -1.5F$$

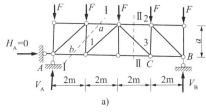 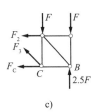

图 4-7

需要注意的是,在分析桁架内力时,如能够选择合适的截面、恰当的投影轴和矩心,就可以使计算大为简化。如果所作截面切断三根以上轴力未知的杆件,但在被切断的各杆中,除欲求内力的一根杆件之外,其余杆件都平行或交于同一点,则该杆内力可用其余各杆的投影方程或以其余各杆交点为矩心的力矩方程求出。

如图 4-8a)所示桁架,欲求 N_a,可取Ⅰ-Ⅰ截面以左部分为研究对象,由 $\sum M_K = 0$ 求得。

如图 4-8b)所示桁架,欲求 N_b,可取Ⅰ-Ⅰ截面以上部分为研究对象,由 $\sum X = 0$ 求出。

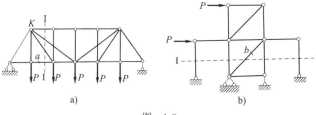

图 4-8

4.2.3 结点法与截面法联合应用

当求解联合桁架所有杆件轴力时,若只用结点法会遇到未知杆件数超过两个结点(如图 4-9 中联合桁架结点 D)的情况,使内力无法简便求出的问题。所以,联合桁架必须先用截面法求出部分杆件轴力,再用结点法即可以求出所有杆件的内力。这就是两种方法的联合应用,可简化计算。下面举例进行说明。

例 4-3 求图 4-9a)所示桁架中指定杆件①、②、③的内力。

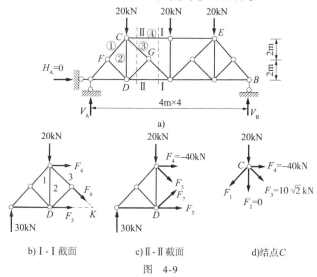

图 4-9

解:(1)求支座反力。以桁架整体为分离体,求得:

$$H_A = 0, V_A = V_B = 30\text{kN}$$

(2)判断零杆。由图 4-9a)可以看出杆 DF 和杆 DG 均为零杆,因此杆 2 也为零杆,即:

$$F_2 = 0$$

(3)用 I-I 截面截开桁架,取 I-I 截面左边部分为分离体[图 4-9b)],列平衡方程得:

$$\sum M_K = 0, F_4 \times 4 + 30 \times 8 - 20 \times 4 = 0$$

$$F_4 = -40\text{kN}$$

(4)用 II-II 截面截开桁架,取 II-II 截面左边部分为分离体[图 4-9c)],列平衡方程得:

$$\sum M_D = 0, F_3\cos45° \times 4 + F_4 \times 4 + 30 \times 4 = 0$$

$$F_3 = 10\sqrt{2}\text{kN}$$

(5)取结点 C 为分离体[图 4-9d)],列平衡方程得:

$$\sum X = 0, \ -F_1\cos45° + F_4 + F_3\cos45° = 0$$
$$F_1 = -30\sqrt{2}\,\text{kN}$$

4.3 几种常见桁架受力性能的比较

桁架的外形对于杆件内力的分布有很大的影响,在工程设计和施工中了解这些受力性能是很重要的。为了更好地理解各种形式桁架的受力性能,下面对四种桁架进行比较。

(1)**平行弦桁架**。

平行弦桁架的内力分布不均匀[图4-10a)],弦杆的轴力由两端向跨中递增,腹杆的轴力则由两端向跨中递减。若每一根弦杆根据轴力大小采用不同的截面则制作复杂,若采用同一截面又浪费材料。在实际工程中弦杆采用相同的截面,让结点构造整齐划一,弦杆和腹杆尺寸标准化,有利于制作与施工。因此平行弦桁架通常采用相同的截面,多用于轻型桁架,不至于浪费材料。如:厂房中跨度在12m以上的梁式起重机、闸门也常用这种桁架。

(2)**三角形桁架**。

三角形桁架的内力分布也不均匀[图4-10b)],弦杆的轴力由两端向跨中递减,腹杆的轴力则由两端向跨中递增。弦杆在三角形桁架两端的支座处轴力最大,且端点夹角很小,构造复杂,制作困难。但两面斜坡的外形符合屋顶构造的需要,适于双坡排水,因此三角形桁架多在屋架中采用,适宜于跨度小、坡度大的屋架。

(3)**抛物线形桁架**。

抛物线形桁架的弦杆内力分布均匀,如图4-10c)所示,上、下弦杆的轴力几乎相等,腹杆的轴力为零。从受力角度来看是一种比较合理的桁架形式,但是构造和施工复杂。在大跨度屋架(18~30m)和桥梁(100~150m)中,从节约材料的角度考虑,常常采用抛物线形桁架。

(4)**折线形桁架**。

折线形桁架[图4-10d)]的受力性能与抛物线形桁架相似,是目前钢筋混凝土屋架中采用得较多的一种形式。它是三角形桁架和抛物线形桁架的一种中间形式,制作、施工方便。在中等跨度(18~24m)的厂房屋架中,采用比较多。

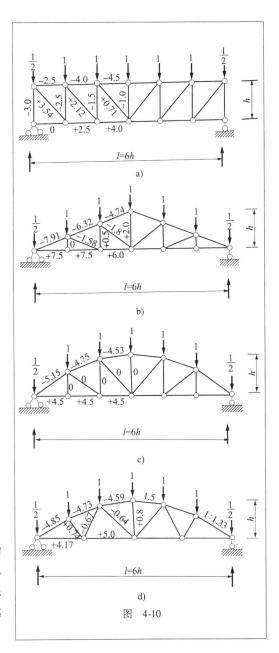

图 4-10

任务5　绘制多跨静定梁的内力图

课前学习任务

工程引导

桥梁的基本组成

桥梁一般由上部构造、下部结构、支座和附属构造物四部分组成。

(1)**上部结构**又称桥跨结构,它是跨越河流、山谷或其他线路等障碍的结构物。

(2)**下部结构**由桥墩、桥台和基础组成,它们是支承桥跨结构的建筑物,同时需承受地震、水流和船舶撞击等荷载,桥台还要起到衔接路堤、防止路堤垮塌的作用。由于基础往往深埋于水下地基中,在桥梁施工中是难度较大的一个部分,故它也是确保桥梁安全使用的关键。

(3)**支座**设置在墩(台)顶,是用于支承上部结构的传力装置,它不仅需要传递上部结构的荷载,并且要保证上部结构按设计要求能产生一定的变位。

(4)**附属设施**包括桥面系、伸缩缝、桥台搭板、锥形护坡、导流工程等,以及交通与机电工程设施,包括标志标牌、景观系统、通信和监控系统、收费系统等。附属设施对于保证桥梁正常使用也是必不可少的。

问题思考

根据图 5-1 所示,两人一组完成下列学习任务。

(1)分别画出 AB 杆和 BCD 杆的受力图。

(2)计算链杆支座 C 的反力和铰 B 的约束反力。

(3)计算固定端支座 A 的反力。

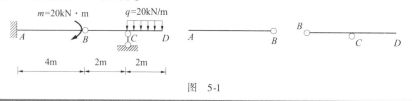

图 5-1

5.1　多跨静定梁的组成及特点

多跨静定梁是由单跨静定梁通过铰连接,并用若干支座与基础相连而组成的静定结构,用来跨越几个相连的跨度。图 5-2a)所示为一公路桥,其为多跨静定梁,图 5-2b)为其计算简图。

(1)**多跨静定梁的几何组成**。

从多跨静定梁的几何组成来看,可以将它分为基本部分和附属部分。如图 5-2b)中 AB 梁与基础之间用三根链杆相连接,为几何不变体系,它不依赖其他部分的存在而能独立承受荷载并维持平衡,称为**基本部分**。对于外伸梁 CD 部分,因为它在竖向荷载作用下仍能独立地维持平衡,所以在竖向荷载作用时也可以把它当作基本部分。而 BC 梁则必须依靠基本部分才能维持其几何不变性,故称为**附属部分**。

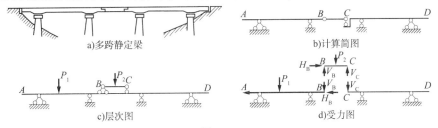

图 5-2

19. 任务 5 电子教案

20. 多跨梁的受力分析

21. 多跨梁的几何构造

为了清晰地表示各部分之间的支承关系,通常把基本部分画在下层,附属部分画在上层,如图 5-2c)所示,这种图形称为**层次图**。由图可以看出,若附属部分被破坏或撤除,基本部分在竖向荷载作用下仍能维持平衡;反之,若基本部分被破坏,则附属部分会随之坍塌。

(2)多跨静定梁的受力特征。

由图 5-2c)的层次图可以看出,当荷载作用于基本部分时,只有基本部分受力而附属部分不受力。当荷载作用于附属部分时,由于附属部分与基本部分相连,则不仅附属部分受力,基本部分也同时受力,如图 5-2d)所示。因此,**计算多跨静定梁的顺序是先计算附属部分,后计算基本部分**。

5.2　多跨静定梁的内力图绘制

绘制多跨静定梁的内力图,必须先绘制层次图,在层次图的基础上进行受力分析。注意将与附属部分的支座反力大小相等、方向相反的力加在基本部分上,就是基本部分的荷载。按照此方法,可将多跨静定梁拆分成若干单跨静定梁分别进行计算,最后将各单跨静定梁的内力图连在一起就得到了多跨静定梁的内力图。

例 5-1　试作图 5-3a)所示多跨静定梁的内力图。

解:(1)绘出层次图。

由几何不变体系组成顺序来看,梁各部分的固定次序是:先固定 AB 梁,然后固定 BD、DF 各梁段,画出层次图,如图 5-3b)所示。其中 AB 梁是基本部分,BD 梁和 DEF 梁是附属部分。

(2)计算各部分单跨梁的支座反力。

注意要按照先附属部分后基本部分的顺序进行计算。如图 5-3c)所示。先从附属部分 DEF 开始计算,利用平衡方程可得:

$$V_D = \frac{P}{2}(\downarrow), V_E = \frac{3P}{2}(\uparrow)$$

然后将 V_D 反方向作用于 BD 梁上,得:

$$V_B = \frac{P}{4}(\uparrow), V_C = \frac{3P}{4}(\downarrow)$$

最后将 V_B 反方向作用于 AB 梁上,连同结点 B 上的荷载 P 一起计算,得:

$$V_A = \frac{5P}{4}(\uparrow), M_A = \frac{5Pa}{4}(\text{顺时针转向})$$

(3)画出内力图剪力图和弯矩图。

根据各梁段的荷载及支座反力情况,在同一条基准线上分段画出各梁段的剪力图和弯矩图,如图 5-3d)、e)所示。

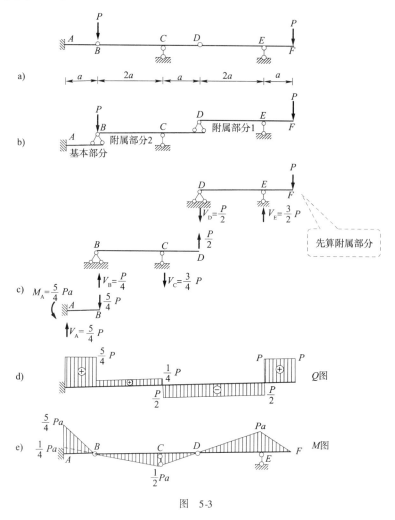

图 5-3

例 5-2 试对图 5-4a)所示多跨静定梁的受力进行分析,并画出剪力图和弯矩图。

解:(1)绘制层次图。

AB 梁为基本部分。CF 梁只有两根支座链杆与地基相连,但在竖向荷载作用下它能独立维持平衡,故在竖向荷载作用下它属于基本部分。而 BC 梁段为附属部分。绘制层次图,如图 5-4b)所示。

(2)计算各单跨梁的支座反力。

分段画出各梁段的受力图。再按照先附属部分后基本部分的步骤开始计算,即先从附属部分 BC 梁开始计算,然后再计算 AB 梁和 CF 梁。

因为梁上只有竖向荷载,由整体平衡条件可知水平反力 $H_A=0$,从而可知各铰结点的水平反力均为零,全梁均不产生轴力。求出 BC 段的竖向反力后,将其反向加在基本部分的 B、C 点,作为作用于基本部分的荷载。

注意在 AB 梁的 B 处除了承受 BC 梁传来的反力 2.5kN(↓)之外,还承受原来作用于该处的 10kN(↓)荷载。其他各约束反力和支座反力的数值标注在图 5-3c)中,请读者自行计算。

(3)画剪力图和弯矩图。

求出各单跨梁的支座反力后,即可按照前述方法逐段画出剪力图和弯矩图,如图 5-4d)和 e)所示。

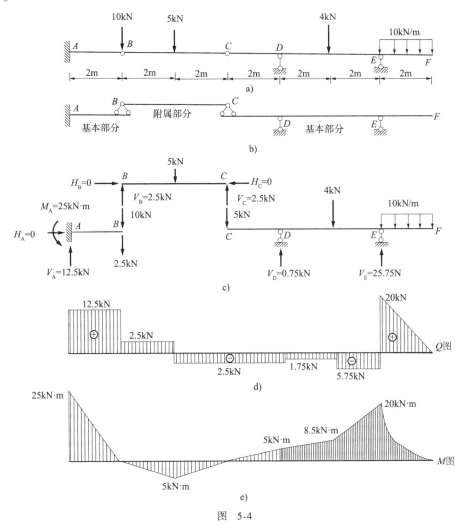

图 5-4

通过以上示例,可归纳出多跨静定梁绘制内力图的步骤,如下:

(1)先画多跨静定梁层次图,再将多跨静定梁拆分成几个单跨静定梁;

(2)先计算附属部分的约束反力,把与基本部分联结的约束反力反向作用给基本部分,再计算基本部分的支座反力;

(3) 分别画几个单跨静定梁的内力图；
(4) 将内力图合在一起即为多跨静定梁内力图。

讨论：多跨静定梁与相应简支梁的比较。

对于多跨静定梁，各梁段之间联结处的铰的位置如果设置合理，将降低梁的弯矩峰值。因为多跨静定梁中布置了外伸梁，外伸部分在荷载作用下将产生负弯矩，从而抵消跨中产生的部分正弯矩。相应简支梁指与多跨梁同跨度同荷载的多跨简支梁，如图 5-6b) 所示，下面通过示例进行说明。

例 5-3 对图 5-5 所示的多跨静定梁，欲使 AD 跨的最大正弯矩与支座 B 截面的负弯矩的绝对值相等，试确定铰 D 的位置。

解：(1) 设铰 D 距支座 B 的距离为 x，计算附属部分 AD 的支座反力，得：

$$R_D = \frac{q(l-x)}{2}(\uparrow)$$

则 AB 跨的最大正弯矩为 $\frac{q(l-x)^2}{8}$。

(2) 计算 B 截面的负弯矩。外伸部分用叠加法计算即可，得：

$$M_B = \frac{qx^2}{2} + \frac{q(l-x)x}{2}$$

(3) 确定铰 D 的位置。令附属部分 AD 跨的最大正弯矩等于 B 截面负弯矩，得：

$$\frac{q(l-x)^2}{8} = \frac{qx^2}{2} + \frac{q(l-x)x}{2}$$

解得：$x = 0.172l$。

弯矩图如图 5-6 所示。

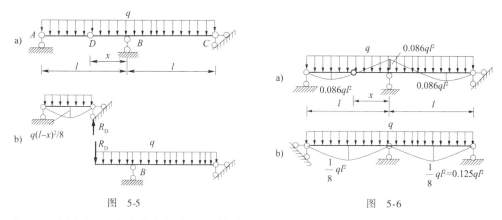

图 5-5　　　　　　　　　　图 5-6

由以上示例可知，多跨静定梁与相应简支梁比较有以下特点：

(1) 弯矩峰值降低，内力分布更均匀。

(2) 多跨静定梁承载能力比系列简支梁[多跨简支梁，如图 5-6b) 所示]大，荷载相同时可节省材料。

(3) 系列简支梁结构较简单，而静定多跨梁的缺点是中间铰构造比较复杂，且附属部分会随基本部分的破坏而破坏。

任务6 绘制静定平面刚架的内力图

课前学习任务

工程引导

（1）刚构桥是指桥跨结构和墩台整体相连的桥梁，又名刚架桥，按结构形式可分为四种类型：门式刚构桥、斜腿刚构桥、T形刚构桥和连续刚构桥。请结合实际桥梁，说明其所属刚构桥类型、构造特点和施工特点。

（2）框架结构利用梁、柱组成的纵横两个方向的框架形成结构体系，可同时承受竖向荷载和水平荷载。

问题思考

请说明图6-1所示框架结构的结构特点、受力特点和优缺点。

a)高刚构墩桥——金阳河特大桥

b)框架结构

c)刚构桥

d)站台雨棚

图 6-1

6.1 刚架的类型和特点

刚架是由梁和柱等若干直杆以刚结点联结的几何不变体系，若刚架各杆轴线与荷载作用线在同一平面内,则为平面刚架。常见的静定平面刚架有悬臂刚架、简支刚架和三铰刚架[图6-2a)、b)、c)]。图6-2d)是由两个简支刚架组合而成的静定平面刚架。其中左侧简支刚架是基本部分,右侧简支刚架是附属部分,称为主从刚架。

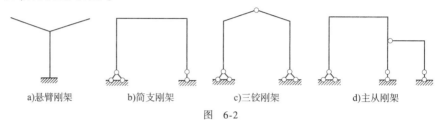

a)悬臂刚架　　b)简支刚架　　c)三铰刚架　　d)主从刚架

图 6-2

刚架的变形特征:刚结点处,各杆端不能发生相对移动和转动,变形前后各杆所夹角度保持不变,如图6-3a)所示。

刚架的受力特征:刚结点能够承受和传递弯矩。刚架的内力主要是弯矩,而轴力和剪力为次要内力。图6-3b)、c)分别给出了简支梁图6-3b)和刚架在同样均布荷载作用下的弯矩图,由于刚结点可以承受弯矩,所以 CD 横梁跨中弯矩峰值减小。

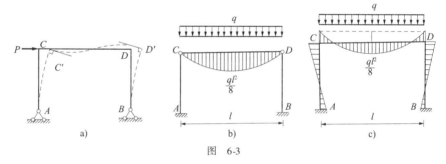

图 6-3

刚架的特点:内部有效使用空间增大,便于使用;结构整体性好、刚度大;内力分布均匀,受力合理。因此刚架在土木工程中得到了广泛应用。

6.2　刚架的受力分析

6.2.1　刚架的支座反力计算

在静定刚架的受力分析中,一般需首先准确算出刚架的支座反力。

支座反力和各铰结点处的约束反力计算方法如下:

(1)悬臂刚架(可不求支座反力)、简支刚架:运用整体平衡条件求出全部支座反力。

(2)三铰刚架:运用整体平衡条件及铰结点处弯矩为零的条件求出全部支座反力及铰结点处的约束反力。

(3)主从刚架:进行几何组成分析,确定附属部分和基本部分。先计算附属部分的支座反力,再计算基本部分的支座反力。

6.2.2 刚架内力符号规定

一般情况下,刚架中各杆横截面上的内力有弯矩 M、剪力 Q 和轴力 N。剪力以使分离体产生顺时针转动趋势时为正,反之为负。轴力以拉力为正,压力为负。剪力图、轴力图可画在杆件任一侧,必须标明正、负符号。由于刚架杆件有水平杆、竖杆和斜杆,因此规定弯矩图画在受拉一侧,无须标明正负号。

6.2.3 刚架的杆端内力及内力图

通常,计算刚架的杆端内力前,先取刚架整体或某个部分,用静力平衡条件求出支座反力和各铰结点处的约束反力。然后计算各杆杆端(或控制截面)的内力,并根据荷载与内力之间的微分关系,按单跨静定梁的绘制规律,绘出各杆段的内力图。因此,绘出各杆段内力图的关键是计算各杆杆端(或控制截面)的内力。

为清楚表达各杆端内力受力的位置,需要在内力符号后面用两个脚标表示,第一个脚标表示某杆内力所属截面,第二个脚标表示该截面所属杆件的另一端。例如 M_{AC} 表示 AC 杆 A 端截面的弯矩,Q_{BD} 表示 BD 杆 B 端截面的剪力。

计算刚架任一截面内力的基本方法是截面法。一般在求出支座反力之后,将刚架沿刚结点截开成单个杆件。用截面法计算各杆杆端截面的内力值,然后利用荷载、剪力、弯矩之间的微分关系和叠加法逐杆绘制内力图,最后将各杆内力图组合在一起就得到刚架的内力图。

绘制静定平面刚架内力图的步骤一般如下:

(1) 取刚架整体或部分为研究对象,利用平衡方程,求出支座反力和铰结点处的约束力。

(2) 分段,根据刚架上的外力作用点(如集中力作用点、集中力偶作用点、分布荷载作用的起点和终点等)、支座及杆件的连接点,将刚架分成若干段,用截面法计算各控制截面上的内力值。

(3) 按单跨静定梁内力图的绘制规律,逐杆绘制内力图,可先用区段叠加法绘制弯矩图,再将各杆的内力图连在一起,即得整个刚架的内力图。

例 6-1 作图 6-4a)所示悬臂刚架的内力图。

解:(1) 将刚架分段截成 AB 和 BC 两段,形成 AB 杆和 BC 杆两个单杆。

(2) 画弯矩图。用截面法计算两杆的杆端弯矩。(从自由端 C 点开始计算,可不必求支座反力而直接计算内力)

BC 杆:$M_{CB}=0$,$M_{BC}=Pa$(上侧受拉)

AB 杆:$M_{BA}=Pa$(左侧受拉),$M_{AB}=Pa$(左侧受拉)

画 BC 杆和 AB 杆的弯矩图,BC 杆和 AB 杆上没有分布荷载作用,将杆端弯矩直接连直线即为弯矩图,如图 6-4b)所示。

(3) 画剪力图。用截面法计算两杆的杆端剪力。

BC 杆:$Q_{CB}=P$,$Q_{BC}=P$

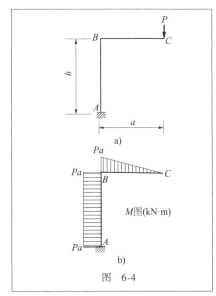

图 6-4

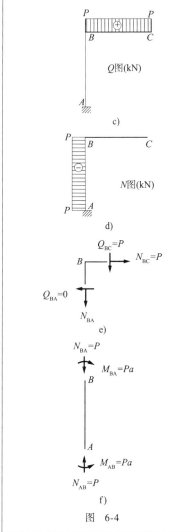

图 6-4

AB 杆：$Q_{BA}=0,Q_{AB}=0$

BC 杆中间无荷载，BC 段剪力为常量 P，因此剪力图是平行于 BC 的直线。AB 杆中间也无荷载，且杆端剪力为零，故 AB 杆的剪力图为零直线。刚架的剪力图如图 6-4c) 所示。

（4）画轴力图。画出剪力图后，可取结点 B 为隔离体画受力图如图 6-4e) 所示，根据结点平衡条件列投影方程求轴力。

$$\sum X=0,N_{BC}=Q_{BA}=0$$
$$\sum Y=0,N_{BA}=-Q_{BC}=-P$$

BC 杆和 AB 杆的中间均无荷载，两杆轴力为常量，画出轴力图如图 6-4d) 所示。

（5）内力图校核。

取 AB 杆为脱离体，画受力图如图 6-4f) 所示。

由图可见，$\sum X=0$，$\sum Y=0$，$\sum M_B=0$。因此，计算无误。

例 6-2　作图 6-5a) 所示简支刚架的 M、Q、N 图。

解：(1) 计算支座反力。根据整体平衡条件列平衡方程求解。

$$\sum X=0,H_A=80\text{kN}(\leftarrow)$$
$$\sum M_A=0,V_B\times6+60-30\times3-20\times4\times2=0,V_B=31.7\text{kN}(\uparrow)$$
$$\sum M_B=0,-V_A\times6-20\times4\times2+30\times3+60=0,$$
$$V_A=-1.7\text{kN}(\downarrow)$$

校核支座反力的计算结果，由 $\sum Y=31.7-1.7-30=0$，可知计算无误。

(2) 绘制弯矩图。根据截面法逐杆计算杆端弯矩。该简支刚架可截成 AC、CE 和 BE 三根杆。

AC 杆：$\qquad M_{AC}=0$

$M_{CA}=80\times4-20\times4\times2=160(\text{kN}\cdot\text{m})$（右侧受拉）

因 AC 杆上有荷载作用，故绘制弯矩图时，先将杆端弯矩连以虚线后再叠加相应简支梁在均布荷载作用下的弯矩图。注意先画水平反力 H_A 产生的直线弯矩图，再叠加均布荷载产生的二次抛物线弯矩图。

BE 杆：由截面法得知 BF 段弯矩为零。FE 杆段弯矩为常数。

$$M_{BF}=M_{FB}=0$$
$$M_{FE}=M_{EF}=60(\text{kN}\cdot\text{m})（左侧受拉）$$

CE 杆：在该杆中点 D 作用一集中荷载，CD 段和 DE

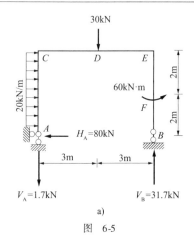

图 6-5

段为无荷载区,弯矩图为一直线,用截面法计算控制截面的弯矩后连直线即可。

也可以利用刚结点平衡条件,连接 M_{CE}、M_{EC} 两点纵坐标后,再叠加简支梁在中点集中力作用下的弯矩图。

$M_{CD} = 80 \times 4 - 20 \times 4 \times 2 = 160(\text{kN} \cdot \text{m})$(下侧受拉)

$M_{ED} = 60 \text{kN} \cdot \text{m}$(下侧受拉)

$M_{DE} = 60 + 31.7 \times 3 = 155(\text{kN} \cdot \text{m})$(下侧受拉)

绘制简支刚架的弯矩图如图 6-5b)所示。

(3)绘制剪力图。用截面法求杆端剪力。

AC 杆:$Q_{AC} = 80\text{kN}$;$Q_{CA} = 80 - 20 \times 4 = 0$

CE 杆:该杆上有集中力,D 处剪力图有突变,应分两段计算剪力。

CD 段:$Q_{CD} = Q_{DC} = -1.7\text{kN}$

DE 段:$Q_{DE} = Q_{ED} = -1.7 - 30 = -31.7(\text{kN})$

BE 杆:由截面法得知该杆各截面剪力为零。

绘制简支刚架剪力图如图 6-5c)所示。

(4)绘制轴力图。用截面法求杆端轴力。

AC 杆:$N_{AC} = N_{CA} = 1.7\text{kN}$

CE 杆:$N_{CE} = N_{EC} = 80 - 20 \times 4 = 0$

BE 杆:$N_{BE} = N_{EB} = -31.7\text{kN}$

绘制简支刚架轴力图如图 6-5d)所示。

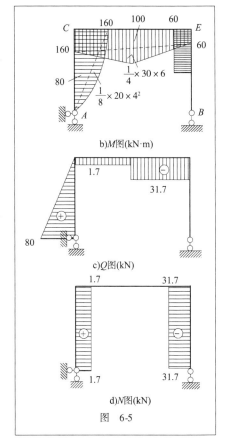

图 6-5

例 6-3 作图 6-6a)所示三铰刚架的 M、Q、N 图。

解:(1)求支座反力。考虑整体平衡,列平衡方程,得

$$\sum M_B = 0, V_A = -\frac{1}{6} \times (20 \times 6 \times 3) = -60(\text{kN})(\downarrow)$$

$$\sum Y = 0, V_B = -V_A = 60(\text{kN})(\uparrow)$$

$$\sum X = 0, H_A = H_B - 20 \times 6$$

考虑右半部分刚架 CEB 平衡,得

$$\sum M_B = 0, H_B = \frac{1}{6} \times (60 \times 3) = 30(\text{kN})(\leftarrow)$$

$$H_A = 30 - 20 \times 6 = -90(\text{kN})(\leftarrow)$$

(2)绘制弯矩图。将三铰刚架沿刚结点截开成四段,用截面法计算各杆杆端弯矩。

AD 杆: $M_{AD} = 0$

$M_{DA} = 90 \times 6 - 20 \times 6 \times 3 = 180(\text{kN} \cdot \text{m})$(右侧受拉)

DC 杆:由结点 D 的弯矩平衡得

$M_{DC} = 180\text{kN} \cdot \text{m}$(下侧受拉)

中间铰 C 处无弯矩,$M_{CD} = 0$

23.刚架内力图绘制技巧

CE 杆：
$$M_{CE} = 0$$
$$M_{EC} = 30 \times 6 = 180(\text{kN} \cdot \text{m})(上侧受拉)$$

BE 杆：由结点 E 的弯矩平衡,得
$$M_{EB} = 180 \text{kN} \cdot \text{m}(右侧受拉)$$
$$M_{BE} = 0$$

根据以上杆端弯矩和杆段荷载情况,绘制弯矩图,见图6-6b)。

(3)绘制剪力图。用截面法求各杆端剪力。

AD 杆：
$$Q_{AD} = 90 \text{kN}$$
$$Q_{DA} = 90 - 20 \times 6 = -30(\text{kN})$$

DC 杆：
$$Q_{DC} = -60 \text{kN}$$
$$Q_{CD} = Q_{CE} = Q_{EC} = -60 \text{kN}(DC、CE 杆剪力为常数)$$

BE 杆：
$$Q_{EB} = Q_{BE} = 30 \text{kN}$$

根据以上杆端剪力绘制剪力图,见图6-6c)。

(4)绘制轴力图。利用刚结点的平衡条件,求出各杆杆端轴力。

刚结点 D 受力分析见图6-6e),为清晰起见,未画出弯矩。
$$\sum X = 0, N_{DC} = -30 \text{kN}(压力)$$
$$\sum Y = 0, N_{DA} = 60 \text{kN}(拉力)$$

刚结点 E 受力分析见图6-6f),为清晰起见,未画出弯矩。
$$\sum X = 0, N_{EC} = -30 \text{kN}(压力)$$
$$\sum Y = 0, N_{EB} = -60 \text{kN}(压力)$$

根据以上杆端剪力绘制三铰刚架的轴力图,需标注正负号[图6-6d)]。

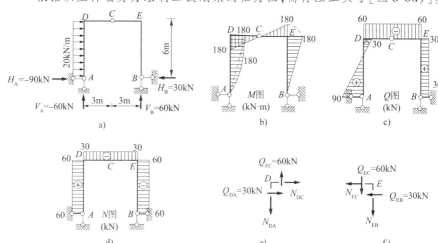

图 6-6

绘制刚架的内力图需注意以下几点：
(1)刚结点处力矩应平衡。
(2)铰结点处弯矩必为零。
(3)无荷载的区段弯矩图为直线。

(4)有均布荷载的区段弯矩图为曲线。曲线的凸向与均布荷载指向一致。

任务7　三铰拱的受力分析

课前学习任务

工程引导

上海卢浦大桥[图7-1a)]是中国上海市境内连接黄浦区与浦东新区的过江通道,位于黄浦江水道之上,为上海南北高架路组成部分之一。卢浦大桥始建于2000年10月,于2002年10月7日完成主桥合龙,于2003年6月28日通车运营。卢浦大桥主桥全长750m;桥面为双向六车道城市快速路,设计速度60km/h,工程总投资22亿元。

卢沟桥[图7-1b)]位于北京市丰台区永定河,是北京市现存古老的石造联拱桥。卢沟桥始建于金大定二十九年(南宋淳熙十六年,1189年)六月。卢沟桥全长266.5m,宽7.5m,桥两侧雁翅桥面呈喇叭口状。1937年7月7日日本在此发动全面侵华战争,史称"卢沟桥事变"(亦称"七七事变")。中国抗日军队在卢沟桥打响了全面抗战的第一枪。

问题思考

两人一组查阅资料,收集信息。分析图7-1中的卢浦大桥和卢沟桥的结构特点、受力特点和设计参数。

a)上海卢浦大桥（中承式拱梁组合体系钢拱桥）　　　　b)卢沟桥（十一孔石造联拱桥）

图　7-1

7.1　拱的特点与类型

拱结构是指杆轴为曲线且在竖向荷载作用下产生水平推力的结构。在大跨度房屋建筑、桥梁隧道及水工建筑等结构工程中,拱结构是一种重要的结构形式。

24. 任务7电子教案

如图7-2a)、c)所示为拉杆拱和拱桥的示意图,它们的计算简图如图7-2b)、d)所示。

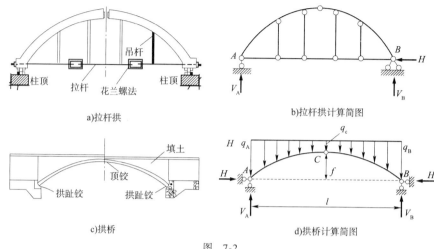

图 7-2

拱的各部分名称如图7-3所示。拱身各横截面形心的连线称为拱轴线。拱的两端支座处称为拱趾。两拱趾之间的水平距离 l 称为拱的跨度。连接两拱趾的直线称为起拱线。拱轴线上最高的一点称为拱顶,三铰拱通常在拱顶处设置铰。拱顶至起拱线之间的竖直距离 f 称为拱高或矢高。拱高与跨度之比 f/l 称为矢跨比或高跨比。在桥梁专业中,常将矢跨比大于或等于1/5的拱称为陡拱,矢跨比小于1/5的拱称为坦拱。两拱趾在同一水平线上的拱称为平拱,不在同一水平线上的拱称为斜拱或坡拱。

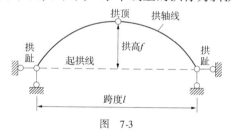

图 7-3

图7-4为拱结构的几种形式。无铰拱和两铰拱都是超静定拱。三铰拱是唯一的静定拱。

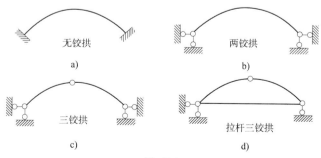

图 7-4

图 7-4

7.2 三铰拱的受力分析

三铰拱是静定结构,其全部支座反力和内力都可以由平衡方程计算求得。

7.2.1 支座反力的计算

图 7-5 所示三铰拱的支座反力有四个,可以用三个平衡方程和 C 铰上弯矩为零的方程求得。图 7-5c)所示简支梁与图 7-5a)的三铰拱具有相同跨度且承受相同的荷载,称为该三铰拱的代梁,设水平支座反力 $H_A = H_B = H$。

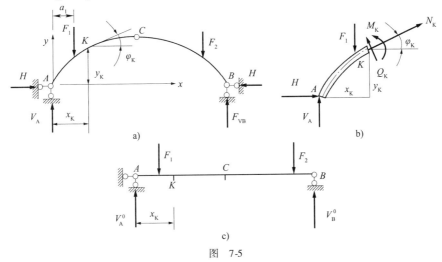

图 7-5

由三个整体平衡方程知:

$$\sum M_B = 0, V_A = V_A^0$$
$$\sum M_A = 0, V_B = V_B^0$$
$$\sum X = 0, H_A = H_B = H$$

取左半拱(铰 C 以左)部分为分离体,由 $\sum M_C = 0$,得:

$$H = \frac{M_C^0}{f}$$

式中:M_C^0——相当梁(与三铰拱同跨度同荷载的简支梁)上截面 C 处的弯矩。

综上可知三铰拱的反力计算公式为:

$$\left.\begin{array}{l} V_A = V_A^0 \\ V_B = V_B^0 \\ H = \dfrac{M_C^0}{f} \end{array}\right\} \tag{7-1}$$

7.2.2 三铰拱的内力计算

三铰拱任一截面上的内力都可用截面法计算。如图 7-5b)所示,任一截面 K 的位置可由其形心坐标 x_K、y_K 和该处拱轴切线的倾角 φ_K 确定。K 截面的内力有弯矩 M_K、剪力 Q_K 和轴力 N_K。其符号规定如下:弯矩规定以使拱内侧纤维受拉为正,反之为负;剪力规定以使分离体顺时针转动为正,反之为负;轴力规定以压力为正,拉力为负。φ_K 为截面 K 沿拱轴切线与 x 轴之间的夹角,规定 φ_K 在左半拱 φ_K 为正,在右半拱 φ_K 为负。

对于图 7-5b),首先列平衡方程 $\sum M_A = 0$,再沿轴力 N_K 方向和剪力 Q_K 方向列投影方程,可求得三铰拱内力计算公式如下:

$$\left. \begin{array}{l} M_K = M_K^0 - H \cdot y_K \\ Q_K = Q_K^0 \cdot \cos\varphi_K - H \cdot \sin\varphi_K \\ N_K = Q_K^0 \cdot \sin\varphi_K + H \cdot \cos\varphi_K \end{array} \right\} \quad (7\text{-}2)$$

式中:M_K^0、Q_K^0——与三铰拱同跨度同荷载的简支梁上 K 截面的弯矩和剪力。

由于三铰拱由曲线形杆组成,各截面位置是坐标 x、y 的函数,同时 φ_K 随着截面位置的变化而变化。因此,拱的内力图绘制一般采用截面法连线作出。即先求出拱若干截面的内力,然后以拱轴为基线,按比例画出各点内力竖标,再以光滑的曲线连接,就可得到所求内力图。值得注意的是,一般将拱沿跨度方向等分,若有集中力作用截面应为等分点截面之一。

7.2.3 三铰拱的受力特点

由以上受力分析可知,三铰拱有如下受力特点:

①在竖向荷载作用下,梁不产生水平反力,而拱则产生向内的水平推力。由 $H = \dfrac{M_C^0}{f}$ 可知,拱的水平推力只与三个铰的位置有关,而与拱轴线形状无关。f 越大,H 越小;f 越小,H 越大;当 $f = 0$ 时,三个铰共线,为瞬变体系。

②由于水平推力的存在,拱截面上的弯矩比相应简支梁对应截面的弯矩小得多,且分布较为均匀。

③式(7-2)表明,在竖向荷载作用下,拱截面中的轴力较大。拱结构可以采用抗压性能较好而抗拉性能较差的材料,如用砖、石、混凝土等建造。

例 7-1 试作图 7-6a)所示三铰拱内力图。设坐标原点选在支座 A,拱轴为二次抛物线,拱轴方程式为:$y = \dfrac{4f}{l^2}x(l-x)$。

解:(1)求支座反力。

首先画出同跨度同荷载简支梁,利用平衡方程求出简支梁的支座反力 V_A^0 和 V_B^0,用截面法求出与三铰拱铰 4 相对应简支梁上截面 C 的弯矩 M_C^0。

再根据式(7-2)计算三铰拱的支座反力。

得出:

$$V_A = V_A^0 = \frac{1}{16} \times (10 \times 8 \times 4 + 100 \times 12) = 95(\text{kN})(\uparrow)$$

$$V_B = V_B^0 = \frac{1}{16} \times (10 \times 8 \times 12 + 100 \times 4) = 85(\text{kN})(\uparrow)$$

$$H = \frac{M_C^0}{f} = \frac{1}{4} \times (95 \times 8 - 100 \times 4) = 90(\text{kN})(\rightarrow \leftarrow)$$

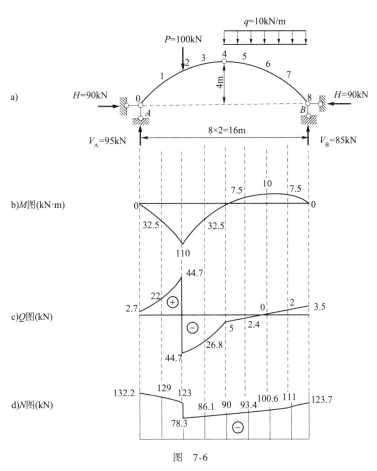

图 7-6

（2）确定控制截面。将拱沿水平（跨度）方向分为 8 等分，各等分点所对应的拱截面为控制截面，如图 7-6a）所示。

（3）计算控制截面的几何参数，并将结果填入表 7-1 的相应栏中。现以截面 1 为例计算各截面的各项数据。

① 计算控制截面的纵坐标 y。

首先将 $f=4\text{m}$ 和 $l=16\text{m}$ 代入拱轴方程，有：

$$y = \frac{4f}{l^2}x(l-x) = \frac{1}{16}(16-x)x$$

对于截面 1，$x_1 = 2\text{m}$，则：

$$y_1 = \frac{1}{16} \times (16-2) \times 2 = 1.75(\text{m})$$

用同样的方法计算其余各截面的纵坐标 y_1，填入表 7-1 中。

② 求控制截面拱轴切线的斜率 $\tan\varphi_1$。

$$\tan\varphi_1 = \frac{dy}{dx} = \frac{4f}{l^2}(l-2x)$$

$$\tan\varphi_1 = \frac{1}{8}(8-x)$$

对于截面 1，$x_1 = 2\text{m}$，则：

$$\tan\varphi_1 = \frac{1}{8} \times (8-2) = \frac{6}{8} = 0.75$$

用同样的方法计算其余各截面 $\tan\varphi_1$，填入表 7-1 中。

③ 计算 φ、$\sin\varphi$、$\cos\varphi$。

由各控制截面的 $\tan\varphi$ 反求 φ，从而计算出 $\sin\varphi$、$\cos\varphi$。

对于截面 1，$\varphi_1 = 36.87°$，$\sin\varphi_1 = 0.600$，$\cos\varphi_1 = 0.800$。

④ 计算各控制截面的内力。

由式(7-1)分别计算各控制截面的内力，并把结果填入表 7-1 相应栏中。

对于截面 1：$x_1 = 2\text{m}$，$y_1 = 1.75\text{m}$，$\tan\varphi_1 = 0.75$

$$M_1 = M_1^0 - H \cdot y_1 = 95 \times 2 - 90 \times 1.75 = 32.5 (\text{kN} \cdot \text{m})$$

$$Q_1 = Q_1^0 \cdot \cos\varphi_1 - H \cdot \sin\varphi_1 = 95 \times 0.8 - 90 \times 0.6 = 22 (\text{kN})$$

$$N_1 = Q_1^0 \cdot \sin\varphi_1 + H \cdot \cos\varphi_1 = 95 \times 0.6 + 90 \times 0.8 = 129 (\text{kN})$$

⑤ 绘制内力图。

根据表 7-1 各控制点的内力数值分别画出 M、Q、N 图。如图 7-6b)、c)、d) 所示。

三铰拱内力计算　　　　表 7-1

截面几何参数						Q^0 (kN)	弯矩(kN·m)			剪力(kN)			轴力(kN)		
x(m)	y(m)	$\tan\varphi$	φ	$\sin\varphi$	$\cos\varphi$		M^0	$-Hy$	M	$Q^0\cos\varphi$	$-H\sin\varphi$	Q	$Q^0\sin\varphi$	$H\cos\varphi$	N
0	0	1	45°	0.707	0.707	95	0	0	0	67.2	−65.0	2.7	67.2	65.0	132.2
2	1.75	0.75	36.87°	0.600	0.800	95	190	−157.5	32.5	76.0	−54.0	22.0	57.0	72.0	129.0
4	3.00	0.50	26.57°	0.447	0.894	95	380	−270	110	84.9	−40.2	44.7	42.5	80.5	123.0
4	3.00	0.50	26.57°	0.447	0.894	−5	380	−270	110	−4.5	−40.2	−44.7	−2.2	80.5	78.3
6	3.75	0.25	14.04°	0.243	0.970	−5	370	−337.5	32.5	−4.9	−21.9	−26.8	−1.2	87.3	86.1
8	4.00	0	0°	0	1.00	−5	360	−360	0	−5.0	0	−5.0	0	90.0	90.0
10	3.75	−0.25	−14.04°	−0.243	0.970	−25	330	−337.5	−7.5	−24.3	21.9	−2.4	6.1	87.3	93.4
12	3.00	−0.50	−26.57°	−0.447	0.894	−45	260	−270	−10	−40.2	40.2	0	20.1	80.5	100.6
14	1.75	−0.75	−36.87°	−0.600	0.800	−65	150	−157.5	−7.5	−52.0	54.0	2.0	39.0	72.0	111.0
16	0	−1	−45°	−0.707	0.707	−85	0	0	0	−60.1	63.6	3.5	60.1	63.6	123.7

7.3 三铰拱的合理拱轴线

7.3.1 压力线的概念

一般情况下,三铰拱任一截面上的三个内力分量弯矩 M_K、剪力 Q_K 和轴力 N_K 可以合成为一个合力 R_K。因为拱截面上的轴力通常为压力,所以合力 R_K 称为该截面的总压力。三铰拱各截面总压力作用点的连线称为三铰拱的**压力线**。

25. 什么是合理拱轴线

7.3.2 合理拱轴线的概念

一般情况下,三铰拱的截面上承受偏心压力,其正应力分布是不均匀的。但是,当所选取的拱轴线恰好与压力线完全重合时,拱身各截面上将没有弯矩和剪力,只有轴向压力。正应力沿截面均匀分布,拱处于无弯矩状态,这时修建拱结构所使用的材料最为经济。因此,将在已知荷载作用下拱截面上只有轴向压力的拱轴线称为**合理拱轴线**。

合理拱轴线的概念也可用于两铰拱和无铰拱。

合理拱轴线可根据弯矩为零的条件来确定。在竖向荷载作用下,三铰拱的任一截面的弯矩可由式(7-2)的第一式计算,即:

$$M(x) = M^O(x) - H \cdot y = 0$$

得:

$$y = \frac{M^O}{H} \tag{7-3}$$

式(7-3)称为三铰拱在竖向荷载作用下合理拱轴线的一般方程。它表明,在竖向荷载作用下,三铰拱合理拱轴线的纵坐标 y 与相应简支梁弯矩图的竖坐标成正比。当荷载已知时,只需求出相应简支梁的弯矩方程,然后除以常数 H,便得到合理的拱轴线方程。

7.3.3 几种常见的合理拱轴线

(1)在竖向均布荷载作用下,三铰拱的合理拱轴线为抛物线。

如图7-7a)所示三铰拱,已知跨度为 l,拱高为 f,其上受竖向均布荷载 q 作用。试求其合理拱轴线。

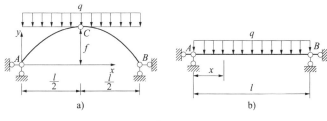

图 7-7

由图 7-7b)可见,相应简支梁的弯矩方程为:

$$M^0 = \frac{1}{2}qlx - \frac{1}{2}qx^2 = \frac{1}{2}qx(l-x)$$

由式(7-1)求得水平反力为:

$$H = \frac{M_C^0}{f} = \frac{\frac{1}{8}ql^2}{f} = \frac{ql^2}{8f}$$

则由式(7-3)得合理拱轴线方程。

$$y = \frac{M^0}{H} = \frac{\frac{1}{2}qx(l-x)}{\frac{ql^2}{8f}} = \frac{4f}{l^2}x(l-x)$$

由此可知,**三铰拱在竖向均布荷载作用下的合理拱轴线为抛物线。**

同理可以分析推导以下径向均布荷载和填料荷载作用下三铰拱的合理拱轴线。

(2)在径向均布荷载作用下,三铰拱的合理拱轴线为圆弧线,如图 7-8 所示。

(3)在填料荷载作用下,三铰拱的合理拱轴线为悬链线,如图 7-9 所示。

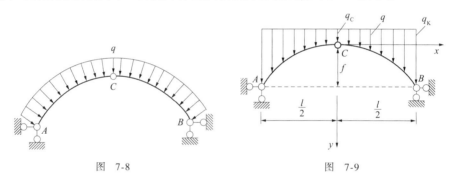

图 7-8　　　　　　　　　　　图 7-9

任务 8　静定结构在荷载作用下的位移计算

课前学习任务

工程引导

在结构的施工、制作、架设、养护等过程中,常需要预先知道结构的变形情况,以便采取相应的施工措施。

(1)在跨度较大的结构中,为了避免产生显著的下垂现象,可预先将结构做成与其挠度反向的弯曲,这种做法在工程上称为建筑起拱(也称预拱),或简称起拱。如图 8-1 所示的桁架,若将桁架做成如图 8-1 实线所示的起拱,则桁架承受荷载后,其下弦就可能保持原设计的水平

(虚线)位置。在钢桁架中,当跨度超过 35m 时,常作起拱。

(2)图 8-2 所示三孔钢桁梁,施工中进行悬臂拼装时,在梁的自重、临时轨道、起重机等荷载的作用下,悬臂部分将下垂产生竖向位移 f_Δ,若 f_Δ 值过大,则起重机就会滚走,影响操作机械的正常工作。同时梁也不能按设计要求就位,使拼装发生困难。因此必须先计算结构的位移,以便采取相应措施,确保施工安全和拼装就位。

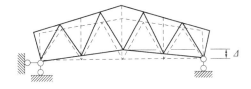

图 8-1　建筑起拱　　　　　　　　　　图 8-2　桁架结构的悬臂拼装

问题思考

(1)根据图 8-1、图 8-2 所示,2 人一组谈谈结构位移在工程中的作用。

(2)回顾材料在拉压、弯曲、剪切变形条件下,内力与变形的关系式及式中各项的意义。

拉压变形:　　　　　　应变 $\varepsilon = \dfrac{N}{EA}$;伸长(缩短)量 $\Delta l = \dfrac{Nl}{EA}$

弯曲变形:　　　　　　曲率 $k = \dfrac{1}{\rho} = \dfrac{M}{EI}$

剪切变形:　　　　　　切应变 $\gamma = \dfrac{kQ}{GA}$

式中:　N、Q——轴力和剪力(也称切力);

　　　　M——弯矩;

EA、EI 和 GA——抗拉刚度、抗弯刚度和抗剪(抗切)刚度;

　　　　k——截面剪应力不均匀分布系数;

　　　　l——杆件长度。

(3)意大利比萨斜塔(图 8-3)的倾斜角度是多少?倾斜原因是什么?

图 8-3

26.任务8 电子教案

8.1 平面杆件结构位移计算概述

8.1.1 结构位移的概念

任何结构都是由可变形的材料组成的,在荷载、温度变化、支座移动、材料收缩、制造误差等因素单独作用或组合作用下,结构均会产生变形和位移。变形是指结构原有形状的改变。位移则是指结构某处位置发生了移动。位移包括线位移和角位移两种,线位移是指结构上各点产生的移动,角位移是指杆件横截面产生的转角。

如图 8-4 所示刚架在荷载作用下发生如虚线所示的变形,使截面 A 的形心由 A 点移到了 A' 点,线段 AA' 称为 A 点的线位移,以符号 Δ_A 表示。通常以其水平线位移 Δ_{AH} 和竖向线位移 Δ_{AV} 来表示。同时,A 截面还转动了一个角度,称为截面 A 的角位移,用 φ_A 表示。

又如图 8-5 所示刚架,发生了如虚线所示的变形,任意两点间距离的改变量称为相对线位移,图中 CD 两点的水平相对线位移为 $\Delta_{CD} = \Delta_C + \Delta_D$。任意两个截面相对转动量称为相对角位移。图中 $\varphi_{AB} = \varphi_A + \varphi_B$,即为 AB 两截面的相对角位移。

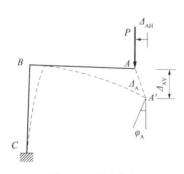
图 8-4 刚架的位移

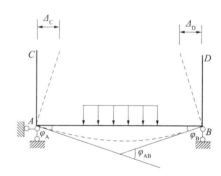
图 8-5 结构的相对位移

计算结构位移的目的有三个:

①对结构刚度进行验算。建筑结构在使用过程中除了要满足强度要求外,还必须满足刚度要求。如果结构的刚度过小,荷载作用下其位移和变形就会很大,这样即使不发生破坏,也会影响建筑物的正常使用。例如《公路桥涵设计通用规范》(JTG D60—2015)规定:公路钢桥、钢筋混凝土桥上部构造的竖向位移,钢板梁、主梁不得超过跨度的 $\dfrac{1}{600}$,拱、桁架不得超过跨度的 $\dfrac{1}{800}$。

②作为分析超静定结构的基础。超静定结构的内力仅用静力平衡条件不能全部确定,还必须考虑结构的变形条件,补充变形协调方程。因

此,位移计算是分析超静定结构的基础。

③满足大跨度结构施工的需要。大跨度结构在自重作用下会产生较大的变形。为了保证安装好的结构在自重作用下能满足建筑设计的空间要求,结构设计时需要进行起拱分析。建筑起拱的核心就是结构的位移计算。

综上可知,结构的位移计算在工程上是具有重要意义的。

8.1.2 变形体的虚功原理

(1) **实功与虚功的概念**。

由物理学知,功与力和位移两个因素有关,功的大小等于力与沿力方向位移的乘积,即:

$$W = P \cdot \Delta \tag{8-1}$$

式中:P——力或力偶,称为广义力;

Δ——与广义力相对应的线位移或角位移,称为广义位移。

力在做功时,位移是由做功的力本身引起的,此功称为实功。而力在其他因素(其他荷载、温度变化、支座移动)引起的位移上所做的功称为虚功。这里的"虚"是指位移与做功的力无关。如图 8-6 所示的简支梁,外力 P 使其达到细实线所示的平衡位置;然后又有另一外力 P'

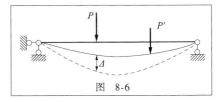

图 8-6

作用于该梁,使其达到虚线所示位置,外力 P 的作用点产生新的位移 Δ,此时力 P 与位移 Δ 是无关的。因此,外力 P 在相应位移 Δ 上所做的功就是外力虚功,即:

$$W = P \cdot \Delta$$

由于虚功中的力 P 和位移 Δ 彼此独立无关,为了方便,常常将力和位移看成是分别属于同一结构的两种彼此独立无关的状态,分别画在两个图中,如图 8-7 所示。图 8-7a) 表示做虚功的平衡力系,称为力状态。图 8-7b) 表示虚功中的位移,称为位移状态。位移状态上的位移应为结构上可能发生的、微小的连续位移,除了由荷载引起外,也可以由温度变化、支座移动等引起,甚至可以是假想的。相应的,力状态下的外力 P 沿位移状态下的变形 Δ 所做的功称为内力虚功。

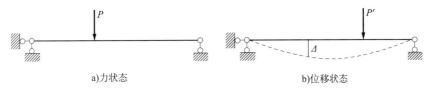

a) 力状态　　　　　　　　　　b) 位移状态

图 8-7

(2) **虚功原理**。

力状态下的外力在位移状态下相应位移上所做的外力虚功 $W_{外}$ 等于力状态下的内力在位移状态下相应变形上所做的内力虚功 $W_{内}$,$W_{内}$ 也称之为变形虚功,即:

$$W_{外} = W_{内} \tag{8-2}$$

必须指出,力状态和位移状态是同一体系的两种彼此无关的状态。因此,不仅可以把位移状态看作是虚设的,也可以把力状态看作是虚设的,二者各有不同的应用。

8.1.3 单位荷载法计算静定结构的位移

以图8-8a)所示刚架为例,在外力P_K的作用下发生了如图中虚线所示的变形。求刚架上K截面的竖向位移Δ_K。

(1)外力虚功分析。

利用虚功原理推导刚架K截面的竖向位移Δ_K的一般公式,首先要确定力状态和位移状态。

图8-8a)所示是位移状态,也是实际状态,下一步需要建立力状态。由于力状态与位移状态除了结构形式、支座情况要相同之外,其他方面二者完全无关,因而力状态完全可以根据计算的需要进行假设。为了使力状态中的外力P_K能够在实际状态中的位移Δ_K上做虚功,就需要在K点沿所求位移方向加一单位集中力$P_K=1$,见图8-8b)。因为力状态是虚设的,又称为虚拟状态。

由此可知,外力虚功:
$$W_{外} = P_K \cdot \Delta_K$$

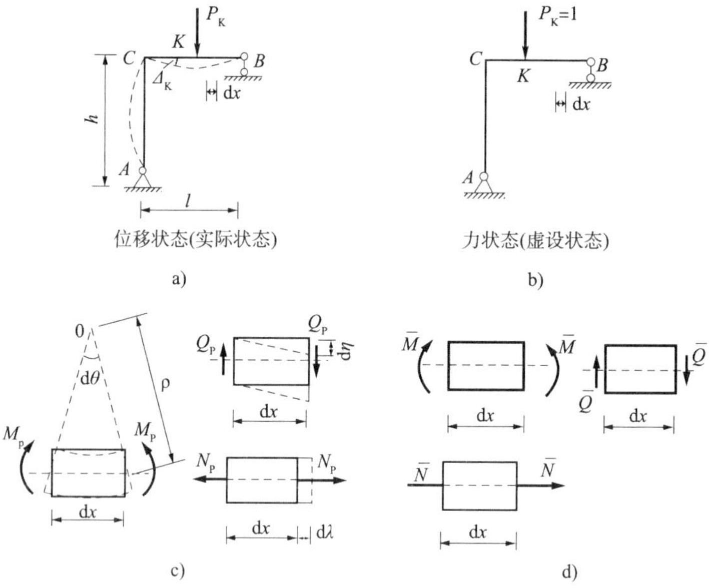

图 8-8

(2)内力虚功分析。

为分析实际状态下的变形,在图8-8a)中取微段dx,则微段上由于实际荷载作用所产生的内力M_P、Q_P、N_P所引起的变形$d\theta$、$d\eta$、$d\lambda$[图8-8c)]分别为:

相对转角:
$$d\theta = \frac{1}{\rho} \cdot dx = \frac{M_P}{EI}dx$$

相对剪切位移:
$$d\eta = \gamma \cdot dx = k\frac{Q_P}{GA}dx$$

相对轴向位移：
$$d\lambda = \frac{N_P}{EA}dx$$

式中，k 是与杆横截面形状有关的系数。对于矩形截面 $k=\frac{6}{5}$，圆形截面 $k=\frac{32}{27}$。

同样，在图 8-8b)虚拟状态中取微段 dx，则微段上由于单位力 $P_K=1$ 作用所产生的内力分别为 $\overline{M}$、$\overline{Q}$、$\overline{N}$[图 8-8d)]，则微段的内力虚功 $dW_{内}$ 为：

$$dW_{内} = \overline{M}d\theta + \overline{Q}d\eta + \overline{N}d\lambda$$

整个杆件的内力虚功可由积分求得：

$$W_{内} = \int_0^l \overline{M}d\theta + \int_0^l \overline{Q}d\eta + \int_0^l \overline{N}d\lambda$$

当结构由多根杆件组成时，可分别求得各杆段的虚功，再求总和就是结构的内力虚功，即：

$$W_{内} = \sum\int \overline{M}d\theta + \sum\int \overline{Q}d\eta + \sum\int \overline{N}d\lambda = \sum\int \frac{M_P\overline{M}}{EI}dx + \sum\int k\frac{Q_P\overline{Q}}{GA}dx + \sum\int \frac{N_P\overline{N}}{EA}dx$$

（3）荷载作用下位移计算的一般公式。

由虚功原理知 $\qquad W_{外} = W_{内}$

即 $$P_K \cdot \Delta_K = \sum\int \frac{M_P\overline{M}}{EI}dx + \sum\int k\frac{Q_P\overline{Q}}{GA}dx + \sum\int \frac{N_P\overline{N}}{EA}dx$$

因为 $P_K=1$，得：

$$\Delta_K = \sum\int \frac{M_P\overline{M}}{EI}dx + \sum\int k\frac{Q_P\overline{Q}}{GA}dx + \sum\int \frac{N_P\overline{N}}{EA}dx \tag{8-3}$$

式(8-3)即为结构在荷载作用下的位移计算一般公式。

这种用虚设单位荷载计算结构位移的方法，称为单位荷载法。单位荷载法可以用于计算静定结构位移，也适用于计算超静定结构的位移。

式(8-3)中第一项是弯矩引起的位移；第二项为剪力引起的位移；第三项为轴力引起的位移。利用式(8-3)计算结构位移时，应根据具体情况，只考虑其中一项或两项。例如对于梁和刚架应取第一项，对于桁架应取第三项。

利用单位荷载法计算结构的位移时，应根据所求位移假设单位荷载：
（1）求某截面的线位移，就在该截面处沿位移方向虚设一单位集中力，如图 8-9a)所示。
（2）求某截面的转角，就在该截面处加一单位力偶，如图 8-9b)所示。
（3）求结构某两点间的相对线位移，应在该两点处沿连线方向虚设一对方向相反的单位力，如图 8-9c)所示。
（4）求结构上两截面的相对转角，应在两截面处加一对转向相反的单位力偶，如图 8-9d)所示。

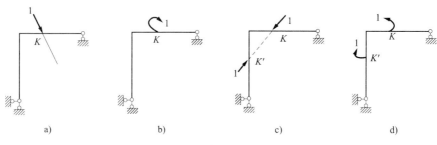

图 8-9

例 8-1 悬臂梁 AB 上作用有均布荷载 q,如图 8-10a)所示,EI 为常数,求 B 端的竖向位移 Δ_{BV}。

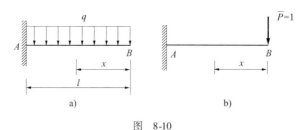

图 8-10

解:(1)确定虚拟状态。在 B 端沿竖向位移虚设一单位集中力 $\overline{P}=1$,如图 8-10b)所示。

(2)列实际状态和虚拟状态下的弯矩方程。取 B 点为原点,在 AB 段内任取一截面,设该截面到原点 B 的距离为 x,则有:

实际状态下弯矩方程: $M_P(x) = -\dfrac{1}{2}q x^2 (0 \leqslant x < l)$

虚拟状态下弯矩方程: $\overline{M}(x) = -x (0 \leqslant x < l)$

(3)计算 Δ_{BV}。

将弯矩方程代入位移计算公式得:

$$\Delta_{BV} = \sum \int_0^l \dfrac{M_P(x) \cdot \overline{M}(x)}{EI} dx = \sum \int_0^l \dfrac{-\dfrac{1}{2}q x^3}{EI} dx = -\dfrac{1}{EI}\left[\dfrac{1}{8}q x^4\right]_0^l = -\dfrac{q l^4}{8EI}(\downarrow)$$

计算结果为正值,说明 Δ_{BV} 的方向与虚设单位力的方向一致。

例 8-2 求图 8-11a)所示刚架 A 点的转角 θ_A。

解:(1)确定虚拟状态。在 A 端虚设一个单位力偶 $\overline{m}=1$,如图 8-11b)所示。

(2)分段列实际状态和虚拟状态下的弯矩方程。

实际状态下的弯矩方程:

AB 段: $M_P(x_1) = -\dfrac{1}{2}q x_1^2 (0 \leqslant x_1 < 3)$

BC 段: $M_P(x_2) = -4.5q (0 \leqslant x_2 < 4)$

虚拟状态下的弯矩方程:

AB 段: $\overline{M}(x_1) = 1 (0 \leqslant x_1 < 3)$

BC 段： $\overline{M}(x_2) = 1 \, (0 \leq x_2 < 4)$

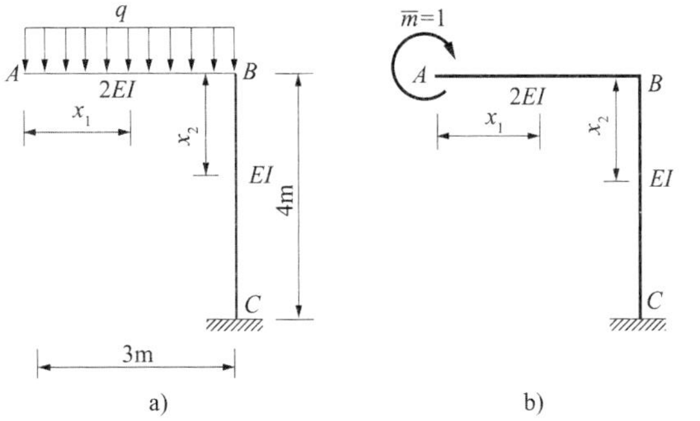

图 8-11

(3) 将弯矩方程代入位移计算公式得：

$$\theta_A = \int_0^l \frac{M_P(x_1) \cdot \overline{M}(x_1)}{2EI} dx_1 + \int_0^l \frac{M_P(x_2) \cdot \overline{M}(x_2)}{EI} dx_2$$

$$= \int_0^3 \frac{-\frac{1}{2}qx_1^2}{2EI} dx_1 + \int_0^4 \frac{-4.5q}{EI} dx_2$$

$$= -\frac{1}{2EI}\left[\frac{1}{6}qx_1^3\right]_0^3 - \frac{4.5q}{EI}[x_2]_0^4$$

$$= -\frac{81q}{4EI} (逆时针转向)$$

计算结果为负，说明 A 截面转向与虚设单位力偶转向相反。

8.2 图乘法计算静定结构的位移

计算弯曲变形引起的位移时，由虚功原理和单位荷载法可以得到如下位移计算公式：

$$\Delta_K = \sum \int \frac{M_P \overline{M}}{EI} dx \tag{8-4}$$

当结构杆件数目较多、荷载又比较复杂时，式(8-4)需进行积分运算，比较麻烦。但是，当结构的各杆段符合下列条件时：①杆轴为直线；②EI = 常数；③$\overline{M}$ 和 M_P 两个弯矩图中至少有一个是直线形图形，则可用下述图乘法来代替积分运算，从而简化计算工作。

如图 8-12 所示，设等截面直杆 AB 段上的两个弯矩图中，应是直线形图形，而 M_P 图为任意形状。

以杆轴为 x 轴，以 $\overline{M}$ 图的延长线与 x 轴的交点 O 为原点并设置 y 轴，α 表示 $\overline{M}$ 图直线的倾斜角，则 $\overline{M}$ 图中任一点的纵坐标为：

$$\overline{M} = x \cdot \tan\alpha$$

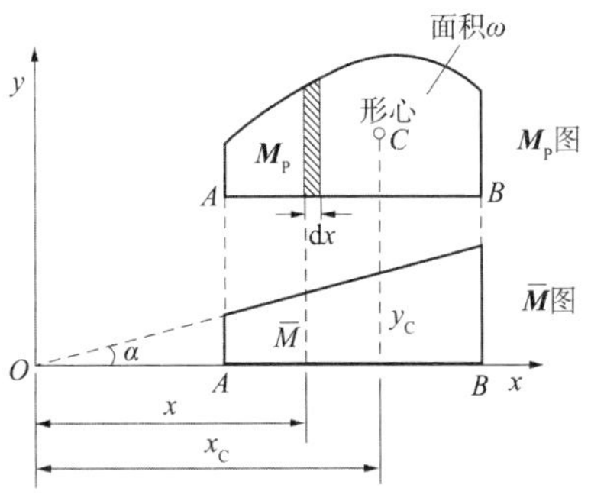

图 8-12

因 $\tan\alpha$ 为常数，故积分式(8-4)可写成：

$$\int \frac{\overline{M} M_P \mathrm{d}x}{EI} = \frac{\tan\alpha}{EI} \int x M_P \mathrm{d}x = \frac{\tan\alpha}{EI} \int x \mathrm{d}\omega$$

式中，$\mathrm{d}\omega = M_P \cdot \mathrm{d}x$ 为 M_P 图中有阴影线的微分面积，故 $\int x \mathrm{d}\omega$ 为微分面积对 y 轴的静矩。$\int x \mathrm{d}\omega$ 即为整个 M_P 图的面积对 y 轴的静矩，根据形心与静矩的关系(平面图形对某轴的静矩等于其面积 ω 与形心到该轴坐标距离 y_C 的乘积)，可得：

$$y_C = x_C \cdot \tan\alpha$$

代入上式得：

$$\int \frac{\overline{M} M_P \mathrm{d}x}{EI} = \frac{\tan\alpha}{EI} \omega \cdot x_C = \frac{\omega \cdot y_C}{EI} \tag{8-5}$$

y_C 为 M_P 图的形心 C 所对应的 $\overline{M}$ 图中的纵坐标。式(8-5)即为图乘法的计算公式。它利用定积分的几何性质将积分运算问题简化为求图形的面积、形心位置和形心标距的问题。

如果结构上所有各杆段均可应用图乘法，则式(8-5)可改写为：

$$\Delta_K = \sum \int \frac{\overline{M} M_P \mathrm{d}x}{EI} = \sum \frac{\omega y_C}{EI} \tag{8-6}$$

用图乘法计算位移时，必须知道常见图形的面积及其形心位置，如图8-13所示。需要指出的是，图中所示的抛物线均为标准抛物线。所谓标准抛物线是指顶点在中点或端点且顶点处的切线与基线平行的抛物线。

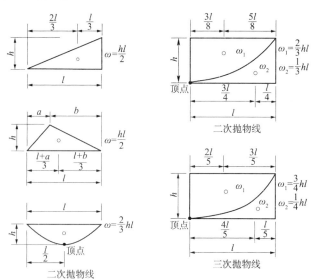

图 8-13

应用图乘法时应注意以下几点：

①杆件应是等截面直杆，且 EI 为常数。

②M_P 图和 $\overline{M}$ 图中，至少有一个直线图形。

③纵坐标 y_C 只能取自直线图形。

④ω 与 y_C 应取自两个不同的图形，ω 与 y_C 若在杆件的同侧则乘积取正号，在异侧则取负号。

⑤若 M_P 图是曲线图形，而 $\overline{M}$ 图是折线图时，应采用分段图乘法。如图 8-14a) 所示。

$$\Delta = \frac{1}{EI}\omega y_C = \frac{1}{EI}(\omega_1 y_1 + \omega_2 y_2)$$

⑥对于阶梯形杆件（EI 为分段常数），应当分别对 EI 等于常数的各段图乘，然后叠加起来。如图 8-14b) 所示。

$$\Delta = \frac{1}{EI}\omega y_C = \frac{1}{EI_1}\omega_1 y_1 + \frac{1}{EI_2}\omega_2 y_2$$

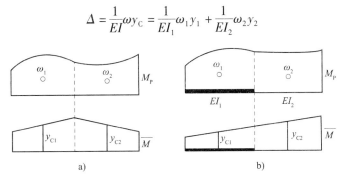

图 8-14

⑦当取 ω 的图形较为复杂，其面积和形心位置无现成图表可查时，应将其分解为如图 8-15 所示的简单图形，把它们分别与取 y_C 的图形相乘，然后将所得结果叠加。

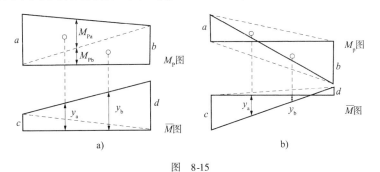

图 8-15

其中：$y_a = \dfrac{d-c}{3} + c$；$y_b = \dfrac{d-c}{2} + c$。

⑧在均布荷载 q 作用下的某一段杆的 M_P 图 [图 8-16a)]，可将其分解为基线上侧的一个梯形再叠加基线下侧的一个标准抛物线，如图 8-16b)、c) 所示，而图 8-16b) 中的梯形又可分解为两个三角形，即可将 M_P 图的面积分解为 ω_1、ω_2、ω_3，再将它们分别和图 8-16c) $\overline{M}$ 图中的 y_{C1}、y_{C2}、y_{C3} 相乘再求和，即：

$$\Delta = \frac{1}{EI}(\omega_1 y_{C1} + \omega_2 y_{C2} + \omega_3 y_{C3})$$

27.图乘法例题解析

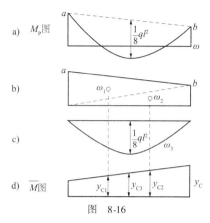

图 8-16

例 8-3 利用图乘法计算图 8-17a)所示刚架 A 端的转角 θ_A。

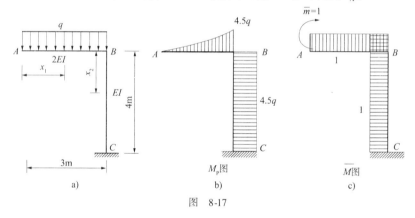

图 8-17

解：(1)设虚拟状态，在 A 端加单位力偶 $\overline{m}=1$。

(2)绘制荷载弯矩图 M_P 图和单位弯矩图 $\overline{M}$ 图，见图 8-17b)、c)。

(3)确定 ω、y_C。

AB 段：$\omega_1 = \dfrac{1}{3} \times 4.5q \times 3 = 4.5q$，$y_1 = 1$（异侧）

BC 段：$\omega_2 = 4.5q \times 4 = 18q$，$y_2 = 1$（异侧）

(4)计算 θ_A。

$$\theta_A = \dfrac{\omega_1 y_1}{2EI} + \dfrac{\omega_2 y_2}{EI} = -\dfrac{4.5q \times 1}{2EI} - \dfrac{18q \times 1}{EI} = -\dfrac{20.25q}{EI}（逆时针转向）$$

计算结果与例 8-2 相同。

例 8-4 求图 8-18a)所示外伸梁上 C 点的竖向位移 Δ_{CV}，已知 $q=3\text{kN/m}$，$EI = 2 \times 10^4 \text{kN} \cdot \text{m}^2$。

解：(1)确定虚拟状态，在 C 点加单位集中力 $\overline{P}=1$，见图 18-18b)。

(2)绘制荷载弯矩图 M_P 图和单位弯矩图 $\overline{M}$ 图，见图 8-18c)、d)。

(3)确定 ω、y_C。

M_P 图中，BC 段是标准抛物线，AB 段不是标准抛物线。用图乘法计算时，必须将其分解为一个三角形和一个顶点在跨中的标准抛物线，见图8-18e）。

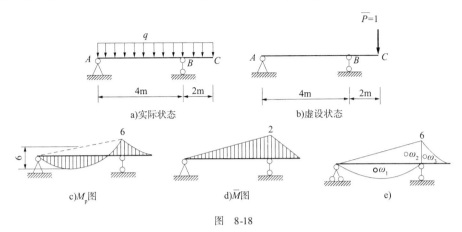

图 8-18

则有：

$$\omega_1 = \frac{2}{3} \times 6 \times 4 = 16, y_1 = 1 \text{（异侧）}$$

$$\omega_2 = \frac{1}{2} \times 6 \times 4 = 12, y_2 = \frac{2}{3} \times 2 = 1.33 \text{（同侧）}$$

$$\omega_3 = \frac{1}{3} \times 6 \times 2 = 4, y_3 = \frac{3}{4} \times 2 = 1.5 \text{（同侧）}$$

（4）利用图乘法计算 Δ_{CV}。

$$\Delta_{CV} = \frac{1}{EI}(\omega_1 y_1 + \omega_2 y_2 + \omega_3 y_3)$$

$$= \frac{1}{2 \times 10^4} \times (-16 \times 1 + 12 \times 1.33 + 4 \times 1.5) = 2.98 \times 10^{-4} (\text{m}) = 0.298(\text{mm})(\downarrow)$$

结果为正值，可见 C 点的竖向位移与虚设单位力方向相同。

例 8-5 求图8-19a)所示刚架中 A、B 两点水平方向上的相对线位移 Δ_{AB}。

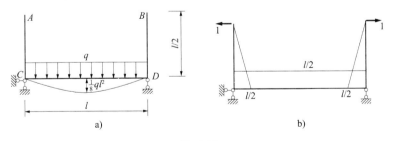

图 8-19

解：(1) 在 A、B 两点连线的方向上加一对方向相反的单位力，并绘制单位弯矩图 $\overline{M}$ 图，如图8-19b)所示。

(2) 荷载弯矩图如图8-19a)所示，为一标准抛物线。曲线图形只能用于计算面积。

(3) 用图乘法计算 Δ_{AB}。

$$\Delta_{AB} = \frac{1}{EI}\omega y_C = -\frac{1}{EI}\left(\frac{2}{3}\times\frac{1}{8}ql^2\times l\right)\times\frac{l}{2} = -\frac{1}{24EI}ql^4(\rightarrow\leftarrow)$$

即 A、B 两点之间产生一相互接近的相对线位移。

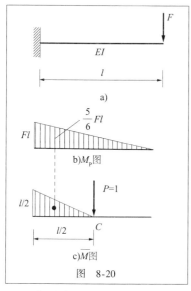

图 8-20

例 8-6 求图 8-20a)所示悬臂梁在力 F 作用下中点 C 的竖向位移 Δ_{CV}。

解：(1)绘制荷载弯矩图 M_P 图如图 8-20b)所示。

(2)绘制单位弯矩图 $\overline{M}$ 图。在梁的中点加 $P=1$ 的单位集中力,画出单位弯矩图,如图 8-20c)所示。

(3)用图乘法计算 C 的竖向位移 Δ_{CV}。

因为 $\overline{M}$ 图沿梁长为一折线图,需分两段计算。其右段 $\overline{M}=0$,用图乘法计算,结果自然为零。

左段 M_P 图和 $\overline{M}$ 图均为直线图形,可在 $\overline{M}$ 图上计算面积。

$$\omega = \frac{1}{2}\times\frac{l}{2}\times\frac{l}{2} = \frac{l^2}{8}, y_C = \frac{5Fl}{6}(\text{同侧})$$

$$\Delta_{CV} = \frac{\omega\cdot y_C}{EI} = \frac{1}{EI}\times\frac{l^2}{8}\times\frac{5Fl}{6} = \frac{5Fl^3}{48EI}(\downarrow)$$

结果为正,说明悬臂梁中点的竖向位移与虚设单位力方向相同,竖直向下。

例 8-7 图 8-21a)所示悬臂刚架,在 D 端受水平力 F 的作用,要求 B 点的水平位移 Δ_{BH} 与 D 点的水平位移 Δ_{DH} 之比小于 0.5,试校核这一刚度条件是否满足要求, $EI=$ 常数。

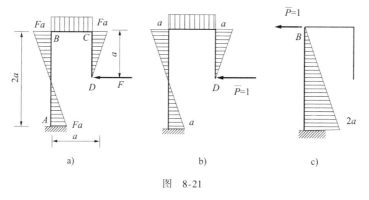

图 8-21

解：(1)绘制弯矩图,如图 8-21a)所示。

(2)计算 D 点的水平位移 Δ_{DH}。

在 D 点加单位荷载力,画单位弯矩图,如图 8-21b)所示。分 4 段采用图乘法计算,用 M_P 图计算面积 ω,其中有三个三角形的面积大小相同,对应的 y_C 值也相同,均处于同侧取正号,得：

$$\Delta_{DH} = \frac{1}{EI}\times\frac{1}{2}Fa\times a\times\frac{2}{3}a\times 3 + \frac{1}{EI}\times Fa\times a\times a = \frac{2Fa^3}{EI}(\leftarrow)$$

(3)计算 B 点的水平位移 Δ_{BH}。

在 B 点加单位荷载力,画单位弯矩图见图 8-21c)。将立柱分两段采用图乘法有：

$$\Delta_{BH} = \frac{1}{EI}\left(-\frac{1}{2}Fa \times a \times \frac{1}{3}a + \frac{1}{2}Fa \times a \times \frac{5}{6} \times 2a\right) = \frac{2Fa^3}{3EI}(\leftarrow)$$

B、D 两点水平位移之比：

$$\frac{\Delta_{BH}}{\Delta_{DH}} = \frac{\frac{2Fa^3}{3EI}}{\frac{2Fa^3}{EI}} = \frac{1}{3} < 0.5$$

满足刚度要求。

8.3 互等定理

功的互等定理、位移互等定理和反力互等定理是线弹性结构常用的三个普遍定理，其中最基本的是功的互等定理，位移互等定理和反力互等定理都由功的互等定理推导而来。在后续超静定结构的计算中，要应用这些互等定理。

所谓线弹性结构，是指结构的位移与荷载成正比，当荷载全部撤除后位移也完全消失的结构。这样的结构，位移是微小的，应力与应变的关系符合胡克定律。

8.3.1 功的互等定理

设有两组外力 P_1 和 P_2 分别作用于同一线弹性结构上，如图 8-22a）、b）所示，分别称为结构的第一状态和第二状态。

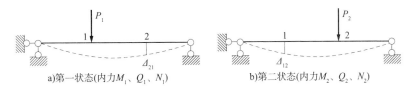

a) 第一状态(内力 M_1、Q_1、N_1)　　　b) 第二状态(内力 M_2、Q_2、N_2)

图 8-22

图中位移 Δ_{12}、Δ_{21} 的两个下标含义为：第一个下标表示位移的地点和方向，第二个下标表示产生位移的原因。如 Δ_{21} 表示力 P_1 引起的在力 P_2 作用点沿力 P_2 的方向上的位移。

设第一状态为平衡力系状态，第二状态为位移状态，按照虚功原理可得：

$$P_1\Delta_{12} = \sum \int M_1 d\theta_2 + \sum \int Q_1 d\eta_2 + \sum \int N_1 d\lambda_2$$

$$d\theta_2 = \frac{M_2}{EI}dx$$

$$d\eta_2 = K\frac{Q_2}{GA}dx$$

$$d\lambda_2 = \frac{N_2}{EA}dx$$

式中：$d\theta_2$、$d\eta_2$、$d\lambda_2$——均为第二状态中的变形。

将其代入上式得到：

$$P_1\Delta_{12} = \sum \int \frac{M_1 M_2}{EI}dx + \sum \int K\frac{Q_1 Q_2}{GA}dx + \sum \int \frac{N_1 N_2}{EA}dx$$

同理可得：

$$P_2\Delta_{21} = \sum \int M_2 d\theta_1 + \sum \int Q_2 d\eta_1 + \sum \int N_2 d\lambda_1$$

$$= \sum \int \frac{M_1 M_2}{EI} dx + \sum \int K \frac{Q_1 Q_2}{GA} dx + \sum \int \frac{N_1 N_2}{EA} dx$$

由此可得：

$$P_1\Delta_{12} = P_2\Delta_{21} \tag{8-7}$$

这表明：第一状态的外力在第二状态的位移所做的虚功，等于第二状态的外力在第一状态位移上所作的虚功，称之为功的互等定理。

8.3.2 位移互等定理

图 8-23 中的 P_1 和 P_2 为等于 1 的单位力，相应的位移由 Δ 改为 δ 表示，如图 8-23 所示。

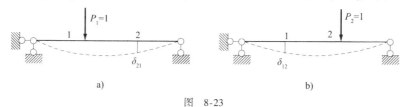

图 8-23

由功的互等定理有：

$$1 \cdot \delta_{12} = 1 \cdot \delta_{21}$$

即：

$$\delta_{12} = \delta_{21} \tag{8-8}$$

这就是功的互等定理的一种特殊情况，即位移互等定理。它表明：第二个单位力引起的第一个单位力的作用点沿其方向的位移，等于第一个单位力引起的第二个单位力的作用点沿其方向的位移。

8.3.3 反力互等定理

反力互等定理是功的互等定理的另一种特殊情况。图 8-24 为同一结构的两种状态。第一状态中的约束 1 发生单位位移 $\Delta_1 = 1$，引起约束 2 处的反力为 r_{21}；第二状态中的约束 2 发生单位位移 $\Delta_2 = 1$，引起约束 1 处的反力为 r_{12}。

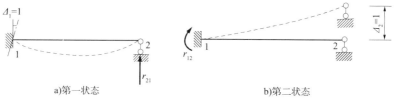

a)第一状态　　　　　　　　　b)第二状态

图 8-24

由功的互等定理得：

$$r_{21} \cdot \Delta_2 = r_{12} \cdot \Delta_1$$

即：

$$r_{21} = r_{12} \tag{8-9}$$

这就是反力互等定理。它表明：约束1发生单位位移所引起的约束2的反力，等于约束2发生单位位移所引起的约束1的反力。

这一定理对结构上任何两个支座都适用，但应注意反力与位移在做功的关系上应相对应，即力对应于线位移，力偶对应于角位移。图8-24中，r_{21}为反力，r_{12}为反力偶，虽然意义不同，但在数值上是相同的，量纲也相同。

反力互等定理将在用位移法计算超静定结构中得到应用。

练习题

一、判断题
1. 在荷载作用下，桁架各杆只产生轴力。（ ）
2. 由于零杆不受力，因此可以将它们从结构中去掉。（ ）
3. 如果多跨静定梁的基本部分无荷载，则基本部分内力为零。（ ）
4. 对于静定结构，有位移就一定有变形。（ ）
5. 在径向均布荷载作用下，三铰拱的合理拱轴线为圆弧线。（ ）

二、单选题
1. 在竖向荷载作用下，会产生水平反力的曲杆结构称为（   ）。
   A. 刚架　　　　B. 梁　　　　C. 桁架　　　　D. 拱
2. 题2-2图所示桁架中杆1的轴力N_1为（   ）。
   A. $N_1 > 0$　　B. $N_1 < 0$　　C. $N_1 = 0$　　D. $N_1 = P$

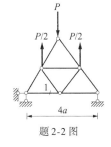

题2-2图

3. 三铰拱在填料荷载作用下的合理拱轴线是（   ）。
   A. 抛物线　　B. 悬链线　　C. 圆弧线　　D. 椭圆线
4. 用单位荷载法计算位移时，虚拟状态中所加的荷载应是与所求广义位移相应的（   ）。
   A. 广义单位力　　　　　B. 单位力偶
   C. 均布荷载　　　　　　D. 单位集中力
5. 题2-5图所示三铰刚架中CD杆的内力为（   ）。
   A. 仅轴力为零
   B. 轴力、剪力、弯矩均为零
   C. 仅弯矩为零
   D. 仅剪力为零

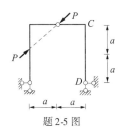

题2-5图

三、填空题
1. 题3-1图所示桁架中有_____根零杆，请在桁架中标注零杆。

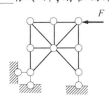

题3-1图

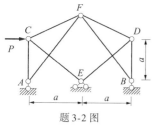

题 3-2 图

2. 用结点法分析题 3-2 图结构的各杆内力。因为 A、_____ 结点为 T 形结点,得到 _____、_____ 是零杆,进一步得到 _____、_____ 是零杆,_____、_____ 是零杆,最后由结点 C 的平衡条件得到 $N_{CA} =$ _____,$N_{CE} =$ _____。

四、计算题

1. 判断题 4-1 图桁架中的零杆。

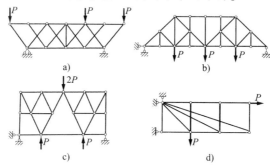

题 4-1 图

2. 用结点法计算题 4-2 图桁架各杆的内力。

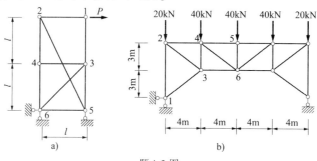

题 4-2 图

3. 用截面法计算题 4-3 图桁架中指定杆件的内力。

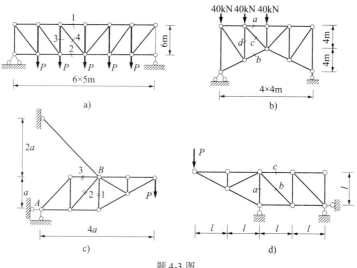

题 4-3 图

4. 选用较为简便的方法计算题4-4图桁架中指定杆件的内力。

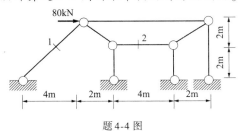

题 4-4 图

5. 求题4-5图所示桁架的支座反力和指定杆件的内力。

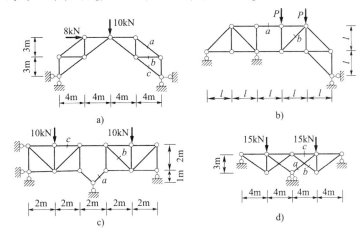

题 4-5 图

6. 作题4-6图所示多跨静定梁的弯矩图和剪力图。

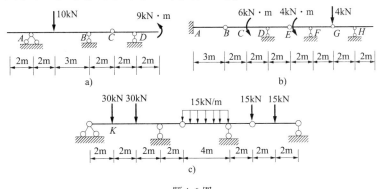

题 4-6 图

7. 不求支座反力绘出题4-7图所示梁的弯矩图。

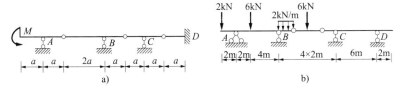

题 4-7 图

8. 作题 4-8 图所示刚架的弯矩图、剪力图和轴力图。

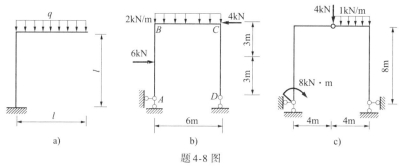

题 4-8 图

9. 作题 4-9 图所示刚架的弯矩图。

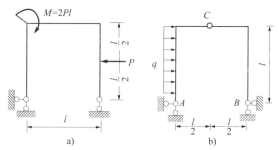

题 4-9 图

10. 题 4-10 图所示三铰拱的轴线方程为 $y = \dfrac{4f}{l^2}x(l-x)$，求荷载 P 作用下的支座反力及截面 D、E 的内力。

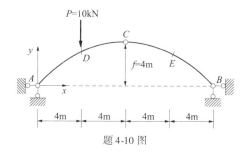

题 4-10 图

11. 如题 4-11 图所示各图乘是否正确？如不正确，请改正。

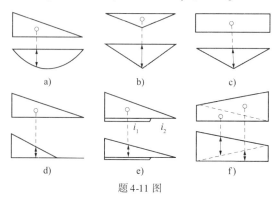

题 4-11 图

12. 用图乘法计算题 4-12 图中结构的指定位移。已知各杆 EI 为常数。

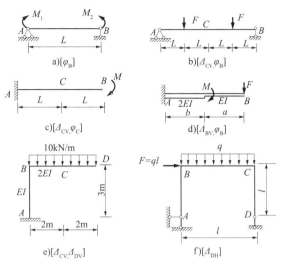

题 4-12 图

28. 模块二练习题答案

实践能力训练任务

【任务描述】

以贝雷架的构造特点、受力特点和功用为主题，分组完成工程实践分析报告一份。字数不少于 2000 字。

【工程背景】

贝雷架最初由英国工程师在第二次世界大战初期（1938 年）设计，在二战期间，这种贝雷军用钢桥被大量使用，战后，许多国家把贝雷钢桥进行一些改进后转为民用。20 世纪 60 年代，我国把贝雷钢桥设计成装配式公路钢桥，即至今一直使用并广泛生产的"321"装配式公路钢桥，如下图所示。它由桁架式主梁、桥面系、连接系、桥头系 4 部分组成，并配有专门的架设工具。我国贝雷钢桥在交通建设、抗洪抢险中起到了不可替代的作用。

"321"装配式公路钢桥

工程实践分析报告应包含以下具体内容：

1. 认识贝雷架的构造
(1) 查阅"321"装配式公路钢桥的说明文件。
(2) 绘制贝雷架整体构造尺寸和各构件型号尺寸。
(3) 阐述贝雷架各构件的连接方式。

2. 贝雷架的材质及力学特性
(1) 查阅获取贝雷架各构件的材料及其容许应力。
(2) 计算各构件断面特性。

3. 贝雷架受力分析
(1) 绘制一座跨度为12m的贝雷简支梁桥受力图。
(2) 绘制单块贝雷架(3m)的结构简图。
(3) 分析贝雷架的内力并判断结构类型。

4. 贝雷架的结构特点分析
(1) 查阅并总结贝雷架在当代工程建设中的应用场景(2种及以上)。
(2) 总结分析贝雷架结构的优点。

模块三 超静定结构的内力分析与计算

学习目标

▶ 能力目标
1. 能够确定力法和位移法中的基本结构；
2. 会计算分配系数、分配弯矩和传递弯矩；
3. 能够选用适当的方法解决超静定结构的内力计算问题；
4. 能够熟练写出单跨超静定梁的杆端力。

▶ 知识目标
1. 知道力法和位移法的基本未知量；
2. 能解释力法和位移法典型方程中主系数、副系数和自由项的力学意义；
3. 能确定单跨超静定梁的杆端力及其正负号；
4. 会叙述分配系数、传递系数的定义。

29. 模块三素质目标

30. 模块三思维导图

任务 9　力法计算超静定结构

课前学习任务

工程引导

深圳国贸大厦

如图 9-1 所示的深圳国贸大厦（国际贸易中心大厦），从 1982 年 10 月至 1985 年 12 月共

37个月即竣工。深圳国贸大厦高160m,共53层,由中建三局一公司负责施工。

a)深圳国贸大厦

b)建设中的深圳国贸大厦

图 9-1

问题思考

(1)深圳国贸大厦的建设单位是:_____。

(2)1987年,该工程荣获首届_____奖。

(3)深圳国贸大厦以三天一层楼的速度建成,这在当时是绝无仅有的,创造了建筑史上的新纪录,被称为:_____。

(4)计算图示杆件体系的自由度。

$W=3m-2h-r=$ _____

a)

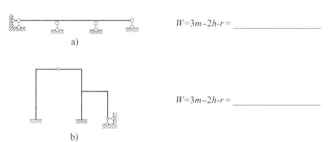

$W=3m-2h-r=$ _____

b)

9.1 超静定结构概述

9.1.1 超静定结构的概念

超静定结构是现代土木工程中广泛使用的一类结构,它们的反力和内力仅用静力平衡条件不能确定或不能完全确定。

超静定结构与静定结构的两个基本区别是:

(1)从几何组成来看,静定结构是无多余约束的几何不变体系,超静定结构是有多余约束的几何不变体系。

(2)从受力分析来看,静定结构的反力、内力仅由平衡条件就可完全确定,而超静定结构的反力、内力由平衡条件不能确定或不能完全确定。

如图9-2a)所示的简支梁,其几何组成是无多余约束的几何不变体系,其所有约束反力、内力由静力平衡方程可以全部解出。而如图9-2b)所示的两跨连续梁,连续梁的4个支座反力不能用3个平衡方程求解,因而内力也无法确定。在几何组成上是有一个多余约束的几何不变体系。

所谓多余约束是指去掉它时体系仍保持几何不变的约束。多余约束并非是无用的,它影响着结构的内力及变形。图9-2b)中A、B、C三个竖向支座链杆中的任何一个都可看成是多余约束,其对应的约束反力称为多余约束力。应当注意,图9-2b)中A处的水平支座链杆对维持体系的几何不变是绝对必要的。

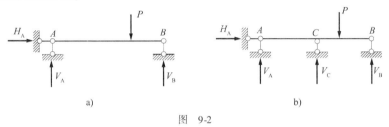

图 9-2

9.1.2 超静定次数的确定

超静定结构中多余约束的数目,称为超静定次数。确定超静定次数最直接的方法是解除多余约束,即:将原结构中的多余约束去掉,使之成为一个(或几个)静定结构,则所解除的多余约束的数目就是原结构的超静定次数。

解除超静定结构多余约束的方法有如下几种:

(1)去掉一根支座链杆或切断一根链杆,相当于解除一个约束,如图9-3a)、e)所示。

(2)去掉一个固定铰支座或拆除一个单铰,相当于解除两个约束,如图9-3b)、f)所示。

(3)去掉一个固定端支座或切断一根梁式杆件,,相当于解除三个约束,如图9-3c)、g)所示。

(4)加铰法,即将固定支座改为不动铰支座或将梁式杆件中某截面改为铰接(加一个单铰),相当于去掉一个约束,如图9-3d)、h)所示。

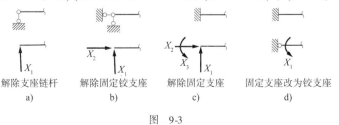

图 9-3

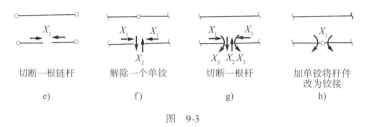

图 9-3

应用上述解除多余约束的基本方法,可以确定结构的超静定次数。

例如图9-4a)所示两跨连续梁。去掉一根支座链杆,得到图9-4b)或c)所示的单跨静定梁,共去掉一个约束,即超静定次数 $n=1$。所以原结构为一次超静定梁。

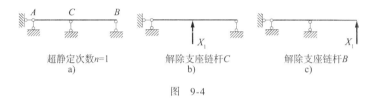

图 9-4

如图9-5a)所示超静定刚架。当去掉固定铰支座 C 可得图9-5b)所示的悬臂刚架。也可将固定支座 A 和刚结点 B 改为铰接,得到图9-5c)所示的三铰刚架。故解除两个多余约束,超静定次数 $n=2$,原结构为二次超静定刚架。

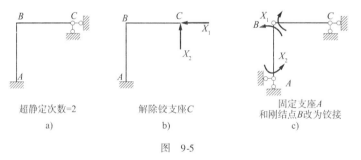

图 9-5

如图9-6a)所示超静定桁架,当切断链杆 AD、EF 并解除 F 支座的水平链杆后,得到图9-6b)所示静定桁架。所以原结构为三次超静定结构。同理,也可以切断链杆 AB、CD 和 EF,可得到图9-6c)所示的静定桁架。这里所说的切断链杆,实际上是解除链杆的轴向约束。

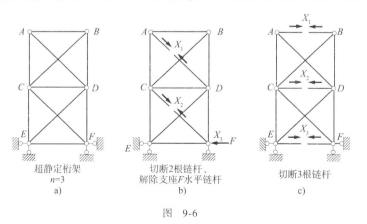

图 9-6

对于图 9-7a)所示的超静定刚架,若将 B 端的固定支座去掉,可得到图 9-7b)所示悬臂刚架,所以原结构为三次超静定结构。若把其他约束作为多余约束去掉,还可以得到简支刚架[图 9-7c)]、三铰刚架[图 9-7d)]或两个悬臂刚架[图 9-7e)]。

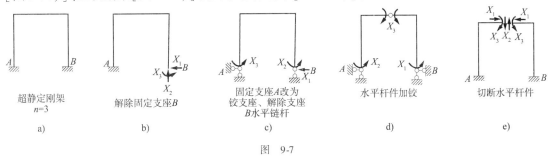

图 9-7

如图 9-8a)所示结构,去掉一个水平支座链杆,在刚性连接处切断,得到图 9-8b)所示的静定结构,连支座链杆一起共去掉 4 个约束,所以其超静定次数 $n=4$。可见,一个封闭框架有 3 个多余约束。

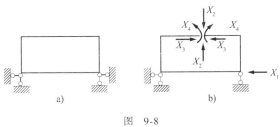

图 9-8

9.2 力法基本原理与力法典型方程

9.2.1 力法基本原理

用力法计算超静定结构的基本思路是:首先将超静定结构的多余约束解除使其变为静定结构,然后用静定结构的已知方法来解决超静定问题。通常将这个静定结构称为原超静定结构的基本结构。多余未知力被称为基本未知量。当代替多余约束的多余未知力被求出之后,超静定结构就可以转化为静定结构计算。但是,这些多余未知力仅用静力平衡条件不能确定,必须利用变形条件补充相应数量的方程才能求出。

下面通过一个简单例子来讨论求多余未知力的基本方法。

如图 9-9a)所示一次超静定梁,去掉 B 支座,用多余未知力 X_1 代替,则超静定梁就转化为图 9-9b)所示的静定简支梁,这个静定结构称为原超静定结构的基本结构。在基本结构上加上与原超静定结构相同的荷载 q 和多余未知力 X_1,就得到了力法的基本体系。

怎样求出 X_1 呢?仅根据平衡条件无法求出唯一解。因为在基本结构上除 X_1 外还有三个支座反力,故平衡方程数少于未知力数,其解答是不定的。

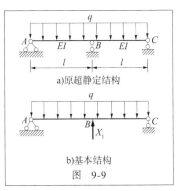

图 9-9

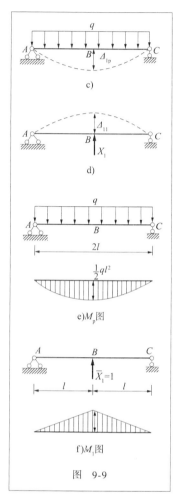

图 9-9

若多余未知力 X_1 是任意数值,则 X_1 的作用点将发生相应的位移 Δ_1。实际上,原结构在支座 B 处由于受到竖向支座链杆的约束,B 点的竖向位移应为零。虽然基本结构中该多余约束已去掉,但 X_1 的数值恰与原结构 B 支座实际产生的反力相等时,基本结构在 q 和 X_1 共同作用下,B 点的竖向位移才能等于零。即基本结构的位移与原结构的位移应一致,为此多余未知力的数值应满足 B 点的竖向位移(即沿 X_1 方向上的位移)Δ_1 等于零的条件,即:

$$\Delta_1 = 0 \tag{9-1}$$

式(9-1)就是用来确定多余未知力 X_1 所考虑的变形协调条件(或称位移条件)。

设以 Δ_{11} 和 Δ_{1P} 分别表示多余未知力 X_1 和荷载 q 单独作用在基本结构上时,B 点沿 X_1 方向上的位移[图9-9c)、d)],其符号都以沿假定的 X_1 指向为正。根据原结构的变形条件,应用叠加原理,可得:

$$\Delta_1 = \Delta_{11} + \Delta_{1P} = 0$$

设 δ_{11} 表示 X_1 为单位力($\overline{X}_1 = 1$)时 B 点沿 X_1 方向的位移,则有 $\Delta_{11} = \delta_{11} X_{11}$,于是上述位移条件式可写为:

$$\delta_{11} X_1 + \Delta_{1P} = 0 \tag{9-2}$$

由于 δ_{11} 和 Δ_{1P} 都是静定结构在已知力作用下的位移,完全可用静定结构的位移计算方法求得,于是多余未知力 X_1 即可由式(9-2)求得。

为了计算 δ_{11} 和 Δ_{1P},分别作基本结构在荷载作用下的弯矩图 M_P 和单位力 $\overline{X}_1 = 1$ 作用下的弯矩图 $\overline{M}_1$,如图9-9e)、f)所示。

用图乘法可得:

$$\Delta_{1P} = \frac{2}{EI}\left[\frac{2}{3} \times \frac{ql^2}{2} \times \left(-\frac{5}{8}l\right) \times \frac{l}{2}\right] = -\frac{5ql^2}{24EI}$$

$$\delta_{11} = \frac{2}{EI}\left(\frac{1}{2} \times \frac{l}{2} \times l \times \frac{2}{3} \times \frac{l}{2}\right) = \frac{l^3}{6EI}$$

代入式(9-2)得:

$$X_1 = -\frac{\Delta_{1P}}{\delta_{11}} = \frac{5ql^4}{24EI} \times \frac{6EI}{l^3} = \frac{5}{4}ql(\uparrow)$$

所得结果为正,表明 X_1 的方向与原假设方向相同,X_1 是原结构 B 支座的反力,受力图如图9-10a)所示。求得 X_1 后,原结构的内力图可以按静定结构求内力的方法求得,也可以利用已经绘出的 $\overline{M}_1$ 图、M_P 图相叠加绘制。

$$M = \overline{M}_1 X_1 + M_P$$

绘出 M 图,如图9-10b)所示。

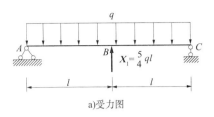
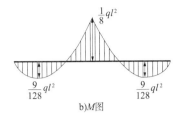

图 9-10

综上所述,去掉超静定结构的多余约束,用多余未知力代替而得到静定的基本结构,根据基本结构应与原结构位移相同而建立位移条件,以位移条件建立力法方程,首先求出多余未知力,然后由平衡条件计算其反力和内力的方法称为力法。整个计算过程都是在基本结构上进行的,这就把超静定结构的计算问题,转化为静定结构的计算问题。所以,力法是分析超静定结构的最基本方法,应用很广,可以分析任何类型的超静定结构。

9.2.2 力法典型方程

以上我们以一次超静定结构的内力计算为例说明了力法的基本原理。可以看出,用力法计算的关键在于建立位移条件,求出多余未知力。对于多次超静定结构,其分析原理也完全相同。

图 9-11a)所示为二次超静定刚架。如取 B 点两根支座链杆的反力 X_1 和 X_2 为基本未知量,则基本结构如图 9-11b)所示。

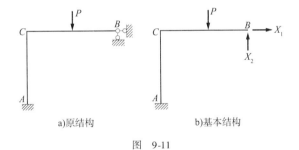

图 9-11

为了求出 X_1 和 X_2,可利用基本结构在 B 点沿 X_1 和 X_2 方向的位移应与原结构相等的条件,来建立位移方程:

$$\Delta_1 = 0$$
$$\Delta_2 = 0$$

这里,Δ_1 是基本结构沿 X_1 方向的位移,即 B 点的水平位移;Δ_2 是基本结构沿 X_2 方向的位移,即 B 点的竖向位移。

为了计算 Δ_1 和 Δ_2,可先分别计算基本结构在每种力单独作用下的位移:

(1)单位力 $\overline{X}_1 = 1$ 单独作用时,相应位移为 δ_{11}、δ_{21} [图 9-12a)]。

(2)单位力 $\overline{X}_2 = 1$ 单独作用时,相应位移为 δ_{22}、δ_{12} [图 9-12b)]。

(3)荷载单独作用时,相应位移为 Δ_{1P}、Δ_{2P} [图 9-12c)]。

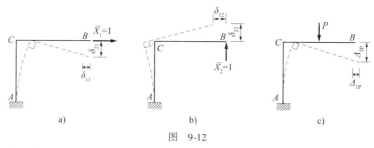

图 9-12

根据叠加原理,得:

$$\Delta_1 = \delta_{11}X_1 + \delta_{12}X_2 + \Delta_{1P}$$
$$\Delta_2 = \delta_{21}X_1 + \delta_{22}X_2 + \Delta_{2P}$$

因此,位移条件可写为:

$$\left.\begin{array}{l}\delta_{11}X_1 + \delta_{12}X_2 + \Delta_{1P} = 0\\ \delta_{21}X_1 + \delta_{22}X_2 + \Delta_{2P} = 0\end{array}\right\} \quad (9\text{-}3)$$

为了求出 X_1 和 X_2,可利用基本结构在 B 点沿 X_1 和 X_2 方向的位移应与原结构相等的条件建立位移方程。

这就是二次超静定结构的力法基本方程。求解这一方程组便可求得未知力 X_1 和 X_2。

同一结构可以按不同的方式选取力法的基本结构和基本未知量,例如图 9-11a) 所示的结构也可采用图 9-13a) 或图 9-13b) 所示的基本结构。可以发现,虽然 X_1 和 X_2 的实际含义不同,位移条件的实际含义也不同,但是力法基本方程在形式上与式(9-3)完全相同。即表明式(9-3)的形式不因基本结构的不同而有所改变,因此通常把式(9-3)称为力法的典型方程。

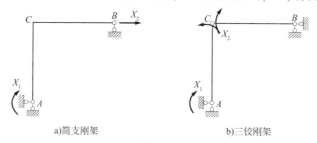

a)简支刚架   b)三铰刚架

图 9-13

一般情况下,对于一个具有 n 次超静定的结构,多余未知力也有 n 个,力法典型方程为:

$$\left.\begin{array}{l}\delta_{11}X_1 + \delta_{12}X_2 \cdots \delta_{1n}X_n + \Delta_{1P} = 0\\ \delta_{21}X_1 + \delta_{22}X_2 \cdots \delta_{2n}X_n + \Delta_{2P} = 0\\ \cdots\\ \delta_{n1}X_1 + \delta_{n2}X_2 \cdots \delta_{nn}X_n + \Delta_{nP} = 0\end{array}\right\} \quad (9\text{-}4)$$

式中:δ_{ii}——在多余未知力 X_i 的作用点并沿其作用方向,由单位力 $X_i = 1$ 单独作用时产生的位移,称为主系数;

$\delta_{ij}(i \neq j)$——在多余未知力 X_i 的作用点上并沿其作用方向,由单位力 $X_j = 1$ 单独作用时所产生的位移,称为副系数;

Δ_{iP}——在多余未知力 X_i 的作用点上并沿其作用方向,由荷载单独作用时所产生的位移,称为自由项。

Δ_{iP} 和位移 δ_{ij} 的第一个脚标表示产生位移的位置和方向,第二个脚标表示产生位移的原因。主系数 δ_{ii} 代表由于单位力 $X_i=1$ 的作用在其自身方向上产生的位移,它总是与该单位力的方向一致,故恒为正。副系数 $\delta_{ij}(i\neq j)$ 和自由项 Δ_{iP} 的值可能为正值、负值或零。根据位移互等定理可知,$\delta_{ij}=\delta_{ji}$ 表明力法方程中位于主对角线两侧对称位置的两个副系数相等。

这一方程组的物理意义为:等号左边为基本结构在全部多余未知力和荷载的共同作用下,在解除各多余约束处沿多余未知力方向的位移;等号右边为原结构中相应的位移。两者相等。

位移条件的个数与多余未知力的个数正好相等,因而可解出全部的多余未知力。有多余约束之处就有相应的位移条件。

式(9-4)是力法方程的一般形式,它按一定规律排列,称为力法典型方程。

因为基本结构是静定结构,所以力法典型方程中的系数和自由项均可按前面求位移的方法求得。对于以弯曲变形为主的梁及刚架可按下列公式或图乘法计算:

$$\delta_{ii}=\int\frac{\overline{M}_i^2\mathrm{d}s}{EI}=\frac{1}{EI}\omega_i y_j$$

$$\delta_{ij}=\delta_{ji}=\int\frac{\overline{M}_i\overline{M}_j\mathrm{d}s}{EI}=\frac{1}{EI}\omega_i y_j$$

$$\Delta_{iP}=\int\frac{\overline{M}_i\overline{M}_P\mathrm{d}s}{EI}=\frac{1}{EI}\omega_P y_j$$

式中,$\overline{M}_i$、$\overline{M}_j$ 和 $\overline{M}_P$ 分别代表在 $\overline{X}_i=1$、$\overline{X}_j=1$ 和荷载单独作用下基本结构中的弯矩表达式。

从典型方程中解出多余未知力 $X_i(i=1,2,\cdots,n)$ 后,就可按照静定结构的分析方法求原结构的反力和内力。在绘制最后内力图时,常可利用基本结构的单位内力图和荷载内力图按叠加法求出,最后弯矩图用下式求得:

$$M=\overline{M}_1 X_1+\overline{M}_2 X_2+\cdots+\overline{M}_n X_n+M_P \tag{9-5}$$

再按平衡条件即可求其剪力和轴力。

9.3 荷载作用下超静定结构的内力计算

根据上述内容,用力法计算超静定结构的步骤可归纳如下:

(1)选取力法基本结构。去掉原超静定结构上的多余约束,代之以相应的多余未知力。在选取基本结构时,应使计算尽可能简单。

(2)建立力法典型方程。根据基本结构在多余未知力和荷载共同作用下,在多余约束处的位移应与原超静定结构相同的条件,建立力法典型方程。

(3)绘制单位弯矩图与荷载弯矩图。

(4)计算方程中的系数和自由项。作出基本结构的单位内力图和荷载内力图,用计算位移的相应方法计算系数和自由项。

(5)解方程求出多余未知力。如解得的多余未知力为负值,则表示其实际方向与所设的方向相反。

(6)作内力图。求出多余未知力后,可以利用静力平衡条件求出多余未知力和荷载共同作用下基本结构的内力,即原超静定结构的内力。也可应用叠加公式(9-5)计算杆端弯矩,由平衡条件计算剪力和轴力。

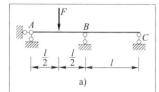
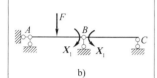
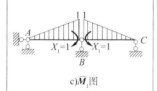
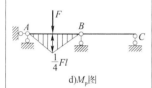
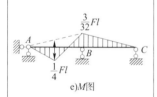

图 9-14

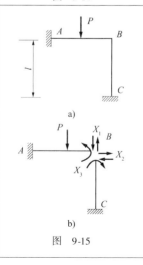

图 9-15

9.3.1 超静定梁和刚架的计算

例 9-1 用力法计算图 9-14a)所示两跨连续梁的内力,并绘出弯矩图。其中,EI = 常数。

解:(1)选取力法基本结构。

连续梁为一次超静定结构。在中间支座 B 处加铰(组合结点化为铰结点),得到图 9-14b)所示的两跨简支梁为力法基本结构,多余未知力 X_1 为中间支座处截面的弯矩。

(2)列出力法方程。

基本结构在荷载 F 和多余未知力 X_1 共同作用下,B 截面两侧的相对转角等于零,根据此位移条件可列出力法典型方程。

$$\Delta_{11}X_1 + \Delta_{1P} = 0$$

(3)绘制单位弯矩图 $\overline{M}_1$ 图[图 9-14c)]和荷载弯矩图 M_P 图 [图 9-14d)]。

(4)计算系数和自由项。

绘出基本结构的单位弯矩图和荷载弯矩图,如图 9-14c)、d)所示,应用图乘法得:

$$\delta_{11} = \frac{1}{EI}\left(\frac{1}{2} \times 1 \times l\right) \times \frac{2}{3} \times 1 \times 2 = \frac{2l}{3EI}$$

$$\Delta_{1P} = -\frac{1}{EI}\left(\frac{1}{2} \times \frac{Fl}{4} \times l\right) \times \frac{1}{2} = -\frac{Fl^2}{16EI}$$

(5)解力法典型方程,求多余未知力。

将求出的系数和自由项代入力法典型方程,解得:

$$X_1 = \frac{3}{32}Fl$$

(6)作最终弯矩图。

由 $M = \overline{M}_1 X_1 + M_P$ 求出杆端弯矩,绘出最终弯矩图[图 9-14e)]。

例 9-2 试作图 9-15a)所示刚架的内力图,设各杆的 EI 为常数。

解:(1)确定超静定次数,选择基本结构。

此刚架为三次超静定结构,切开刚结点 B,解除了结点 B 处的转动约束、水平位移约束和竖向位移约束,并以相应的未知力 X_1(AB 杆的 B 端剪力,BC 杆的 B 端轴力)、X_2(AB 杆的 B 端轴力,BC 杆的 B 端负向剪力,即使杆端逆时针转动的剪力)和 X_3(BA、BC 杆的 B 端弯矩),得到图 9-15b)所示基本结构。

(2)列力法典型方程。三次超静定刚架有三个多余未知力。原超静定结构的刚结点 B 所联结的杆件杆端无任何相对位移。因此相对竖向位移 $\Delta_1 = 0$;相对水平位移 $\Delta_2 = 0$;相对角位移 $\Delta_3 = 0$。

建立力法典型方程为:

$$\left.\begin{aligned}\delta_{11}X_1 + \delta_{12}X_2 + \delta_{13}X_3 + \Delta_{1P} &= 0\\ \delta_{21}X_1 + \delta_{22}X_2 + \delta_{23}X_3 + \Delta_{2P} &= 0\\ \delta_{31}X_1 + \delta_{32}X_2 + \delta_{33}X_3 + \Delta_{3P} &= 0\end{aligned}\right\}$$

（3）绘制单位弯矩图和荷载弯矩图。$\overline{M}_1$ 图、$\overline{M}_2$ 图、$\overline{M}_3$ 图、M_P 图，见图 9-15c）、d）、e）、f）。

（4）计算系数与自由项。利用图乘法，得：

$$\delta_{11} = \frac{1}{EI} \times \frac{1}{2} \times l \times l \times \frac{2}{3}l = \frac{l^3}{3EI}$$

$$\delta_{22} = \frac{l^3}{3EI}$$

$$\delta_{33} = \frac{1}{EI} \times 1 \times l \times 1 \times 2 = \frac{2l}{EI}$$

$$\delta_{12} = \delta_{21} = 0$$

$$\delta_{13} = \delta_{31} = -\frac{1}{EI} \times \frac{1}{2} \times l \times l \times 1 = -\frac{l^2}{2EI}$$

$$\delta_{23} = \delta_{32} = -\frac{l^2}{2EI}$$

$$\Delta_{1P} = \frac{1}{EI} \times \frac{1}{2} \times \frac{1}{2}Pl \times \frac{1}{2}l \times \frac{5}{6}l = \frac{5Pl^3}{48EI}$$

$$\Delta_{2P} = 0$$

$$\Delta_{3P} = -\frac{1}{EI} \times \frac{1}{2} \times \frac{1}{2}Pl \times \frac{1}{2}l \times 1 = -\frac{Pl^2}{8EI}$$

（5）求解多余未知力。将系数与自由项代入力法典型方程，得：

$$\left.\begin{aligned}2lX_1 - 3X_3 + \frac{5}{8}Pl &= 0\\ 2lX_2 - 3X_3 &= 0\\ lX_1 + lX_2 - 4X_3 + \frac{1}{4}Pl &= 0\end{aligned}\right\}$$

解方程组，得：

$$X_1 = -\frac{13}{32}P$$

$$X_2 = -\frac{3}{32}P$$

$$X_3 = -\frac{1}{16}Pl$$

（6）绘制最后弯矩图。

利用叠加公式 $M = \overline{M}_1 X_1 + \overline{M}_2 X_2 + \overline{M}_3 X_3 + M_P$ 绘制弯矩图 [图 9-15g)]，利用静力平衡条件作出剪力图和轴力图 [图 9-15h)、i)]。

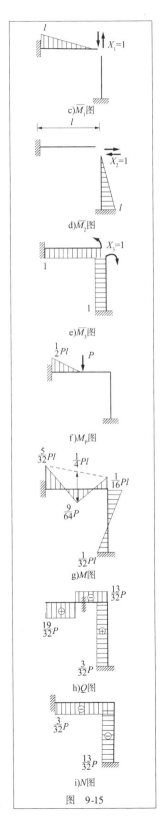

图 9-15

9.3.2 超静定桁架的计算

超静定桁架在桥梁建筑中使用较多，一般工业厂房的支承系统有时也做成超静定桁架。用力法计算超静定桁架，当只承受结点荷载时，由于在桁架的杆件中只产生轴力，故力法方程中的系数和自由项的计算公式为：

$$\left.\begin{array}{l}\delta_{ii}=\sum\dfrac{\overline{N}_i^2 l}{EA}\\[2mm]\delta_{ij}=\sum\dfrac{\overline{N}_i\overline{N}_j l}{EA}\\[2mm]\Delta_{iP}=\sum\dfrac{\overline{N}_i N_P l}{EA}\end{array}\right\} \tag{9-6}$$

桁架各杆的最后内力可按下式计算。

$$N=X_1\overline{N}_1+X_2\overline{N}_2+\cdots+X_n\overline{N}_n+N_P \tag{9-7}$$

例 9-3 试用力法计算图 9-16a) 所示超静定桁架的内力。设各杆 EA 相同。

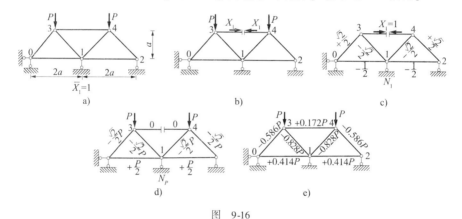

图 9-16

解：（1）确定超静定次数，选择基本结构。

该桁架为一次超静定结构。切断上弦杆的轴向约束，代之以相应的多余约束力 X_1，得到基本结构[图 9-16b)]。

（2）建立力法典型方程。

$$\delta_{11}X_1+\Delta_{1P}=0$$

（3）计算系数和自由项。分别求出基本结构在单位多余未知力 $X_1=1$ 和荷载作用下的内力 $\overline{N}_1$ 和 N_P。系数和自由项按式（9-6）计算，计算结果见表 9-1。

由表 9-1 中数据可得：

$$\delta_{11}=\dfrac{1}{EA}(3+2\sqrt{2})a$$

$$\Delta_{1P}=-\dfrac{1}{EA}Pa$$

系数和自由项的计算　　　　　　　　　　　　　　　　　　　　　　表 9-1

杆件	l	$\overline{N}_1$	N_P	$\overline{N}_1^2 l$	$\overline{N}_1 N_P l$
0-1	$2a$	$-\dfrac{1}{2}$	$\dfrac{P}{2}$	$\dfrac{1}{2}a$	$-\dfrac{1}{2}Pa$
1-2	$2a$	$-\dfrac{1}{2}$	$\dfrac{P}{2}$	$\dfrac{1}{2}a$	$-\dfrac{1}{2}Pa$
0-3	$\sqrt{2}a$	$\dfrac{\sqrt{2}}{2}$	$-\dfrac{\sqrt{2}}{2}P$	$\dfrac{\sqrt{2}}{2}a$	$-\dfrac{\sqrt{2}}{2}Pa$
2-4	$\sqrt{2}a$	$\dfrac{\sqrt{2}}{2}$	$-\dfrac{\sqrt{2}}{2}P$	$\dfrac{\sqrt{2}}{2}a$	$-\dfrac{\sqrt{2}}{2}Pa$
1-3	$\sqrt{2}a$	$-\dfrac{\sqrt{2}}{2}$	$-\dfrac{\sqrt{2}}{2}P$	$\dfrac{\sqrt{2}}{2}a$	$+\dfrac{\sqrt{2}}{2}Pa$
1-4	$\sqrt{2}a$	$-\dfrac{\sqrt{2}}{2}$	$-\dfrac{\sqrt{2}}{2}P$	$\dfrac{\sqrt{2}}{2}a$	$+\dfrac{\sqrt{2}}{2}Pa$
3-4	$2a$	$+1$	0	$2a$	0
Σ				$(3+2\sqrt{2})a$	$-Pa$

(4) 解力法方程,求出多余未知力。

$$X_1 = -\frac{\Delta_{1P}}{\delta_{11}} = \frac{P}{3+2\sqrt{2}}(拉力)$$

(5) 求各杆最后内力。

各杆内力可按叠加法求得:

$$N = \overline{N}_1 X_1 + N_P$$

计算结果见表 9-2,并将结果标注在图 9-16e) 中的各杆上。

各杆轴力计算结果　　　　　　　　　　　　　　　　　　　　　　表 9-2

杆件	$\overline{N}_1 X_1$	N_P	N
0-1,1-2	$-0.086P$	$0.500P$	$0.414P$
0-3,2-4	$0.121P$	$-0.707P$	$-0.586P$
1-3,1-4	$-0.121P$	$-0.707P$	$-0.828P$
3-4	$0.172P$	0	$0.172P$

9.4　对称结构的内力计算

用力法计算超静定结构时,其大量的工作是计算系数、自由项及解联立方程,若要使计算简化,则必须从简化典型方程入手,使力法方程中尽可能多的副系数为零,这样不仅减少了系数计算工作,也简化了联立方程组的求解工作。

简化计算的主要目的是:使力法方程中尽可能多的副系数等于零。这样不仅简化了系数的计算工作,也简化了联立方程求解的工作,一个极端的情形就是方程中全部副系数都等于零。此时,力法方程组便简化为 n 个独立方程。

$$\left.\begin{array}{r}\delta_{11}X_1+\Delta_{1P}=0\\ \delta_{22}X_2+\Delta_{2P}=0\\ \cdots\\ \delta_{nn}X_n+\Delta_{nP}=0\end{array}\right\} \quad (9\text{-}8)$$

使副系数等于零的主要措施是选择合理的基本结构和基本未知量。

9.4.1 对称结构与对称荷载

在工程实际中,很多结构是对称的。所谓对称结构有两方面含义:
(1)结构的几何形状和支承情况关于某轴对称;
(2)杆件的截面及材料性质(EA、EI 等)也关于该轴对称。

如图 9-17a)所示刚架属对称结构,而图 9-17b)及图 9-17c)则不是对称结构。

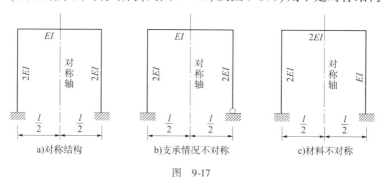

图 9-17

作用于对称结构上的荷载常有两种情况,即对称荷载与反对称荷载,左右两部分的荷载绕对称轴对折后能够完全重合(大小相同、作用点相同、方向相同)的称为对称荷载,如图 9-18a)所示;若绕对称轴对折后正好反向(大小相同、作用点相同、方向相反),则称为反对称荷载,如图 9-18b)所示。

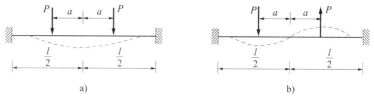

图 9-18

利用结构及荷载的对称性可以简化力法计算。

对称结构具有以下性质:对称结构在对称荷载作用下,其内力与变形是对称的;在反对称荷载作用下,其内力与变形是反对称的。

因此,计算时可只取结构的一半(下面分单数跨和双数跨加以说明)。

9.4.2 对称结构在对称荷载作用下

(1)单数跨对称刚架。

如图 9-19a)所示对称刚架,在正对称荷载作用下,位于对称轴上的 C 截面,由于只承受轴力和弯矩,故不会产生转动和水平位移,但发生竖向位移。因此,截取刚架的一半时,在 C 处用一个定向支座代替原有联系,采用图 9-19b)所示半个刚架的计算简图代替原超静定结构的计算简图,在截面 C 处恰能反映该截面的内力和位移情况。

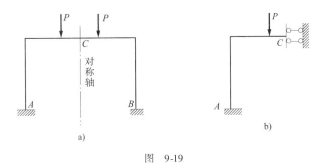

图 9-19

（2）双数跨对称刚架。

如图 9-20a)所示刚架,在对称荷载作用下,若忽略杆件的轴向变形,则在对称轴上的刚结点处将不会产生任何位移,同时在该处的横梁杆端有弯矩、轴力和剪力存在,故在截取刚架的一半时,C 处应用固定支座代替,从而得到图 9-20b)所示的计算简图。

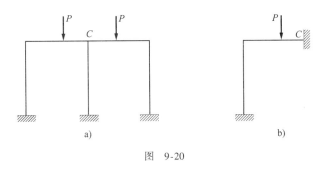

图 9-20

9.4.3 对称结构在反对称荷载作用下

如图 9-21a)所示对称单跨刚架,在反对称荷载作用下,由于只有反对称未知力,故可知在对称轴上的截面 C 处不可能发生竖向位移,但有水平位移和转角,同时该截面上的弯矩、轴力均为零,而只有剪力。因此,截取刚架一半结构时应在 C 处用一个竖向活动铰支座,反映 C 处的受力和位移情况,从而得图 9-21b)所示的计算简图。

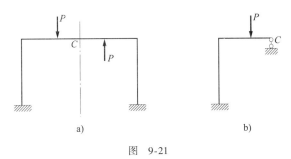

图 9-21

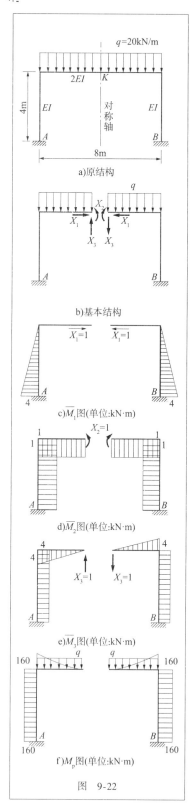

图 9-22

例 9-4 如图 9-22a) 所示对称刚架,在正对称荷载 $q = 20\text{kN/m}$ 作用下,试利用结构的对称性分析其内力并绘出弯矩图。

解：将刚架从对称轴上的 K 点切开,并以多余未知力 X_1、X_2、X_3 代替 K 点所受的力,得图 9-22b) 所示的对称基本结构。其中 X_1 和 X_2 是正对称未知力, X_3 是反对称未知力。据此位移条件,可写出力法典型方程如下：

$$\left. \begin{array}{l} \delta_{11}X_1 + \delta_{12}X_2 + \delta_{13}X_3 + \Delta_{1P} = 0 \\ \delta_{21}X_1 + \delta_{22}X_2 + \delta_{23}X_3 + \Delta_{2P} = 0 \\ \delta_{31}X_1 + \delta_{32}X_2 + \delta_{33}X_3 + \Delta_{3P} = 0 \end{array} \right\} \quad (9\text{-}9\text{a})$$

为了计算系数和自由项,分别绘出单位力弯矩图和荷载弯矩图 [图 9-22c)、d)、e)、f)]。因为 X_1 和 X_2 是正对称力,所以 $\overline{M}_1$ 和 $\overline{M}_2$ 都是正对称图形。因为 X_3 是反对称力,所以 $\overline{M}_3$ 图是反对称图形。由图乘可得：

$$\delta_{13} = \delta_{31} = 0$$

$$\delta_{23} = \delta_{32} = 0$$

$$\delta_{11} = \frac{2}{EI}\left(\frac{1}{2} \times 4 \times 4 \times \frac{2}{3} \times 4\right) = \frac{128}{3EI}$$

$$\delta_{22} = \frac{2}{EI}\left(\frac{1}{2} \times 4 \times 1 \times 1 + 4 \times 1 \times 1\right) = \frac{12}{EI}$$

$$\delta_{12} = \delta_{21} = -\frac{2}{EI}\left(\frac{1}{2} \times 4 \times 4 \times 1\right) = -\frac{16}{EI}$$

$$\Delta_{1P} = \frac{2}{EI}\left(\frac{1}{2} \times 4 \times 4 \times 160\right) = \frac{2560}{3EI}$$

$$\Delta_{2P} = -\frac{2}{EI}\left(\frac{1}{2} \times \frac{1}{3} \times 4 \times 160 \times 1 + 4 \times 160 \times 1\right) = -\frac{4480}{3EI}$$

又由于 M_P 图是正对称图形, $\overline{M}_3$ 图是反对称图形,所以 $\Delta_{3P} = 0$。

这样,力法典型方程 (9-9a) 可简化为：

$$\left. \begin{array}{l} \delta_{11}X_1 + \delta_{12}X_2 + \Delta_{1P} = 0 \\ \delta_{21}X_1 + \delta_{22}X_2 + \Delta_{2P} = 0 \\ \delta_{33}X_3 = 0 \end{array} \right\} \quad (9\text{-}9\text{b})$$

由式 (9-9b) 的第三式可知 $X_3 = 0$,由第一、二式则可解出 X_1、X_2,将系数和自由项代入力法方程 (9-9a),经简化得：

$$\frac{128}{3}X_1 - 16X_2 + 2560 = 0$$

$$-16X_1 + 12X_2 - \frac{4480}{3} = 0$$

由此方程组解得：
$$X_1 = -26.7\text{kN}, X_2 = 88.9\text{kN}$$

最后,弯矩图按下式计算：
$$M = \overline{M}_1 X_1 + \overline{M}_2 X_2 + M_P$$

弯矩图如图9-22g)所示。

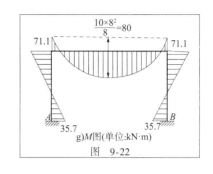

根据上例分析,可得如下结论：

对称结构在正对称荷载作用下,选取对称基本结构,只计算正对称未知力 X_1、X_2,反对称未知力 X_3 为零。

例 9-5 如图9-23a)所示对称刚架,在反对称荷载 $q = 10\text{kN/m}$ 作用下,用力法分析内力并绘制弯矩图。

解：沿对称轴上的横梁中点将截面切开,得到如图9-23b)所示的对称基本结构。力法典型方程与例9-4的力法典型方程相同。$\overline{M}_1$ 图、$\overline{M}_2$ 图和 $\overline{M}_3$ 图仍与例9-4中图9-22c)、d)、e)一致。因为在反对称荷载作用下,M_P 图为反对称[图9-23c)],用图乘法计算各系数和自由项,得：
$$\delta_{13} = \delta_{31} = 0, \delta_{23} = \delta_{32} = 0$$
$$\Delta_{1P} = 0, \Delta_{2P} = 0$$

因此,本例题的力法典型方程可简化为：
$$\left.\begin{array}{l}\delta_{11}X_1 + \delta_{12}X_2 = 0 \\ \delta_{21}X_1 + \delta_{22}X_2 = 0 \\ \delta_{33}X_3 + \Delta_{3P} = 0\end{array}\right\}$$

由方程组的第一、二式,得正对称未知力：
$$X_1 = 0, X_2 = 0$$

反对称未知力 X_3 由第三式计算,由 $\overline{M}_3$ 图9-22e)得：
$$\delta_{33} = \frac{2}{2EI}\left(\frac{1}{2} \times 4 \times 4 \times \frac{2}{3} \times 4\right) + \frac{2}{EI}(4 \times 4 \times 4) = \frac{488}{3EI}$$

由 $\overline{M}_3$[图9-22e)]和 $\overline{M}_P$[图9-23c)]相乘得：
$$\Delta_{3P} = -\left[\frac{2}{2EI}\left(\frac{1}{3} \times 80 \times 4 \times \frac{3}{4} \times 6\right) + \frac{2}{EI}(80 \times 4 \times 4)\right] = -\frac{1600}{EI}$$

将 δ_{33} 和 Δ_{3P} 值代入,求得：
$$\frac{488}{3EI}X_3 - \frac{1600}{EI} = 0$$
$$X_3 = 10.71\text{kN}$$

最后由 $M = \overline{M}_3 X_3 + M_P$ 求出截面弯矩,绘出刚架的弯矩图,见图9-23d)。

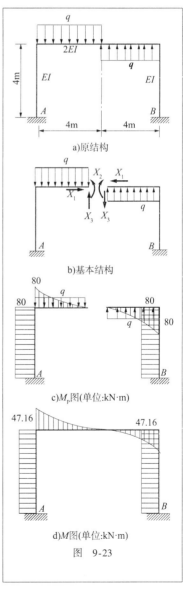

分析此例,可得出结论:对称结构在反对称荷载作用下,选取对称基本结构,只计算反对称未知力 X_3,正对称未知力 X_1、X_2 为零。

如果是非对称荷载作用于对称结构,则可将其分解为对称荷载与反对称荷载分别计算,然后再叠加,如图 9-24 所示。对此也可直接利用原对称结构计算,两法相比较各有利弊。

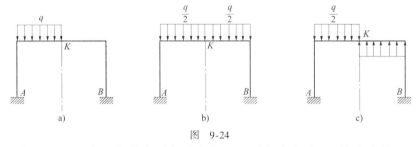

图 9-24

例 9-6 作图 9-25a)所示超静定刚架的弯矩图。刚架各杆的 EI 均为常数。

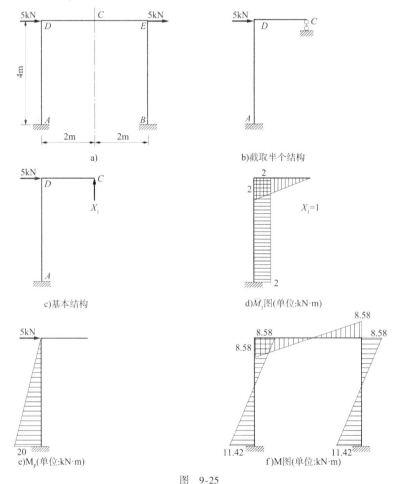

图 9-25

解:(1)取半个刚架。由图 9-25a)可知,此超静定刚架是对称结构在反对称荷载作用下的情况,故截取如图 9-25b)所示的半个结构进行计算。

(2)取基本结构。去掉支座 C 并以多余未知力 X_1 代替,得到图 9-25c)所示基本结构。

(3)建立力法典型方程：
$$\delta_{11}X_1 + \Delta = 0$$
(4)作基本结构的 $\overline{M}_1$ 图和 M_P 图[图9-25d)、e)]。
(5)计算系数和自由项。由图乘法得：
$$\delta_{11} = \frac{1}{EI}\left(\frac{1}{2} \times 2 \times 2 \times \frac{4}{3} + 2 \times 4 \times 2\right) = \frac{56}{3EI}$$
$$\Delta_{1P} = -\frac{1}{EI}\left(\frac{1}{2} \times 4 \times 20 \times 2\right) = -\frac{80}{EI}$$
(6)求多余未知力,将 δ_{11}、Δ_{1P} 代入力法方程得：
$$\frac{56}{3EI}X_1 - \frac{80}{EI} = 0$$
$$X_1 = 4.29\text{kN}$$
(7)作弯矩图。

根据 $M = \overline{M}_1 X_1 + M_P$ 作左半部分刚架的弯矩图[图9-25f)]，根据反对称荷载特点，右半部刚架弯矩图用反对称的关系即可绘出。

9.5 超静定结构的一般特性

超静定结构是具有多余约束的几何不变体系。由于多余约束的存在使超静定结构在受力和变形方面具有一些与静定结构不同的重要特性。综述如下：

(1)由于存在多余约束,超静定结构的内力仅由平衡条件不能确定,必须同时考虑变形条件才能求出,因此超静定结构的内力与材料的性质和截面尺寸有关,即与刚度有关。

(2)由于存在多余约束,超静定结构在温度变化和支座移动等因素的影响下一般会产生内力;而静定结构除在荷载作用下会产生内力外,在其他因素影响下不会产生内力。

(3)由于存在多余约束,超静定结构的刚度一般比相应静定结构的刚度要大一些,而内力和位移的峰值就小一些,且分布均匀。

(4)超静定结构在多余约束被破坏后,体系仍然几何不变,能继续承受荷载;而静定结构中任何一个约束被破坏后,体系成为几何可变从而丧失了承载能力。

任务10 位移法计算超静定结构

课前学习任务

工程引导

在建筑领域中,钢结构(图10-1)常被用于高层建筑、大跨度建筑、体育场馆等项目。钢结构具有高强度、轻质化的特点,可以实现大空间的无柱布局,提供更大的使用空间。同时,钢结构的可塑性和可再利用性也使得建筑设计更加灵活和环保。

图 10-1

问题思考

(1)确定图 10-2 中结构的超静定次数。

(2)写出图 10-2 所示超静定结构的力法典型方程。

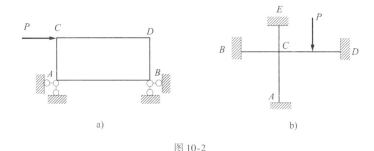

图 10-2

10.1 位移法基本原理

位移法是求解超静定结构的另一种基本方法。位移法与力法的主要区别在于选取的基本未知量不同。力法是以多余约束力为基本未知量,而位移法则以结构的独立结点角位移和独立结点线位移作为基本未知量。

以图 10-3a)所示超静定刚架为例说明如何用位移法求解。

在荷载作用下,刚架将产生图 10-3a)中虚线所示的变形,其中固定端 B、C 处无任何位移,结点 A 是刚性结点。根据变形连续条件可知,交汇于结点 A 处的 AB、AC 杆的杆端应具有相同的转角 θ_A。如不计杆的轴向变形,则可认为两杆长度不变,结点 A 没有线位移,只有角位移 θ_A。

现分别研究 AB 杆和 AC 杆的受力和变形情况。AC 杆相当于一两端固定的单跨超静定梁,其 A 端支座产生了转角 θ_A,如图 10-3b)所示。其杆端弯矩 M_{AB} 可用力法计算得到:

$$M_{AC} = 4\frac{EI}{l}\theta_A, M_{CA} = 2\frac{EI}{l}\theta_A$$

AB 杆相当于一两端固定的单跨超静定梁,该梁在 A 端支座产生了转角 θ_A,同时有外荷载 F 共同作用的情况,如图 10-3c)所示。其杆端弯矩 M_{AB}、M_{BA} 也可以用力法计算并叠加得到：

$$M_{AB} = 4\frac{EI}{l}\theta_A - \frac{Fl}{8}, M_{BA} = 2\frac{EI}{l}\theta_A + \frac{Fl}{8}$$

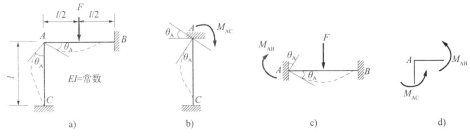

图 10-3 超静定刚架

为了求得 θ_A,可以取结点 A 为分离体[图 10-3d)],由结点 A 的平衡条件有：

$$\sum M_A = 0, M_{AB} + M_{AC} = 0$$

将 M_{AB}、M_{AC} 代入上式可得：

$$4\frac{EI}{l}\theta_A - \frac{Fl}{8} + 4\frac{EI}{l}\theta_A = 0$$

$$8\frac{EI}{l}\theta_A - \frac{Fl}{8} = 0$$

这就是位移法方程,由此解得：

$$\theta_A = \frac{Fl^2}{64EI}$$

将 θ_A 代入 M_{AB}、M_{BA}、M_{AC}、M_{CA} 的表达式中,得：

$$M_{AB} = -\frac{Fl}{16}, M_{BA} = \frac{Fl}{32}, M_{AC} = \frac{Fl}{16}, M_{CA} = \frac{Fl}{32}$$

根据求出的杆端弯矩和荷载 F 就可以画出刚架的弯矩图。

由上述计算过程可知,运用位移法求解超静定结构的基本思路是:根据结构在荷载作用下的变形情况,确定独立的结点位移作为基本未知量,将结构视为若干个单跨超静定梁,列出各单跨梁的杆端力(杆端弯矩和杆端剪力)与杆端位移及荷载间的关系式,再利用原超静定结构结点的静力平衡条件,建立位移法方程,求出结点线位移和角位移,进而利用结点位移求出各杆的杆端力之间的关系,求出全部结构内力并画出内力图。

10.2 单跨超静定梁的杆端力

10.2.1 单跨超静定梁杆端力及杆端位移的符号规定

在工程实际中有不少单跨超静定梁,位移法的基本结构由一系列单跨超静定梁组成。
常见的单跨超静定梁有如下三种基本形式:如图 10-4a)所示为两端固定的梁;图 10-4b)

为一端固定另一端铰支的梁;图 10-4c)为一端固定另一端为定向支座的梁。

图 10-4 单跨超静定梁的三种形式

10.2.2 单跨超静定梁杆端弯矩和杆端剪力

各种单跨超静定梁在荷载和支座移动影响下产生的杆端弯矩和杆端剪力均可通过力法求得,见表 10-1。表中 $i = \dfrac{EI}{l}$,称为杆件的线刚度。

单跨超静定梁杆端弯矩和杆端剪力　　　　　　表 10-1

序号	梁的简图	弯矩图	杆端弯矩		杆端剪力	
			M_{AB}	M_{BA}	Q_{AB}	Q_{BA}
1			$\dfrac{4EI}{l}=4i$	$2i\,(i=\dfrac{EI}{l}$,以下同)	$-\dfrac{6i}{l}$	$-\dfrac{6i}{l}$
2			$-\dfrac{6i}{l}$	$-\dfrac{6i}{l}$	$\dfrac{12i}{l^2}$	$\dfrac{12i}{l^2}$
3			$-\dfrac{Pab^2}{l^2}$ 当 $a=b$ 时,$-Pl/8$	$\dfrac{Pa^2b}{l^2}$ 当 $a=b$ 时,$\dfrac{Pl}{8}$	$\dfrac{Pb^2}{l^2}\left(1+\dfrac{2a}{l}\right)$ 当 $a=b$ 时,$\dfrac{P}{2}$	$-\dfrac{Pa^2}{l^2}\left(1+\dfrac{2b}{l}\right)$ 当 $a=b$ 时,$-\dfrac{P}{2}$
4			$-\dfrac{ql^2}{12}$	$\dfrac{ql^2}{12}$	$\dfrac{ql}{2}$	$-\dfrac{ql}{2}$
5			$\dfrac{Mb(3a-l)}{l^2}$	$\dfrac{Ma(3b-l)}{l^2}$	$\dfrac{-6ab}{l^2}M$	$\dfrac{-6ab}{l^2}M$
6			$3i$	0	$-\dfrac{3i}{l}$	$-\dfrac{3i}{l}$

续上表

序号	梁的简图	弯矩图	杆端弯矩 M_{AB}	M_{BA}	杆端剪力 Q_{AB}	Q_{BA}
7			$-\dfrac{3i}{l}$	0	$\dfrac{3i}{l^2}$	$\dfrac{3i}{l^2}$
8			$\dfrac{-Pab(l+b)}{2l^2}$ 当 $a=b=\dfrac{l}{2}$ 时, $-\dfrac{3Pl}{16}$	0	$\dfrac{Pb(3l^2-b^2)}{2l^3}$ 当 $a=b=\dfrac{l}{2}$ 时, $\dfrac{11}{16}P$	$\dfrac{-Pa^2(2l+b)}{2l^3}$ 当 $a=b=\dfrac{l}{2}$ 时, $-\dfrac{5}{16}=P$
9			$-\dfrac{ql^2}{8}$	0	$\dfrac{5}{8}ql$	$-\dfrac{3}{8}ql$
10			$\dfrac{M(l^2-3b^2)}{2l^2}$	0	$\dfrac{-3M(l^2-b^2)}{2l^3}$	$\dfrac{-3M(l^2-b^2)}{2l^3}$
11			i	$-i$	0	0
12			$-\dfrac{Pl}{2}$	$-\dfrac{Pl}{2}$	P	P
13			$\dfrac{-Pa(l+b)}{2l}$ 当 $a=b$ 时 $-\dfrac{3Pl}{8}$	$-\dfrac{P}{2l}a^2$ $-\dfrac{pl}{8}$	P	0
14			$-\dfrac{ql^2}{3}$	$-\dfrac{ql^2}{6}$	ql	0

表中的杆端弯矩、杆端剪力和符号说明如下：

（1）表中杆端弯矩 M_{AB}、M_{BA} 和杆端剪力 Q_{AB}、Q_{BA} 使用双下标，其中第一个下标表示该杆端弯矩（或杆端剪力）所在杆端的位置；第二个下标表示该杆端弯矩（或杆端剪力）所属杆件的另一端。如：M_{AB} 表示 AB 杆 A 端的弯矩，Q_{BA} 表示 AB 杆 B 端的剪力。

（2）表中杆端弯矩以对杆端顺时针转向为正，反之为负；杆端剪力以使杆件产生顺时针转动效果为正，反之为负。

（3）表中角位移 θ_A 表示固定端 A 的角位移，以顺时针方向为正，反之为负。

（4）表中 Δ_A 表示固定端或铰支座的线位移，以杆的旋转角顺时针转动为正，反之为负。

（5）表中杆端弯矩和杆端剪力是按表中图示荷载方向或支座移动情况求得的，当荷载或支座位移方向相反时，其相应的杆端弯矩和杆端剪力亦应相应的改变正、负号。

（6）由于一端固定另一端为铰支座的梁，和一端固定另一端为链杆支座的梁，在垂直于梁轴的荷载作用下，两者的内力数值相等。因此，一端固定另一端为链杆支座的梁，在垂直于梁轴荷载作用下的杆端弯矩和杆端剪力值，也适用于一端固定另一端为固定铰支座的梁。

10.2.3 转角位移方程

（1）两端固定梁。

如图 10-5 所示两端固定单跨超静定等截面梁 AB，设 A、B 两端的转角分别为 φ_A 和 φ_B，垂直于杆轴方向的相对线位移为 Δ，梁上还作用有集中力和均布荷载。梁上在这四种因素共同作用下的杆端弯矩可以用叠加法求得。即 AB 杆 A 端的杆端弯矩 M_{AB} 等于 φ_A、φ_B、Δ 和荷载单独作用下的杆端弯矩的叠加。

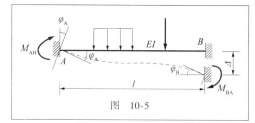

图 10-5

根据叠加原理，利用表 10-1 可得：

$$\left. \begin{array}{l} M_{AB} = 4i\varphi_A + 2i\varphi_B - 6i\dfrac{\Delta}{l} + M_{AB}^F \\ M_{BA} = 4i\varphi_B + 2i\varphi_A - 6i\dfrac{\Delta}{l} + M_{AB}^F \end{array} \right\} \quad (10\text{-}1)$$

式（10-1）称为两端固定梁的转角位移方程。式（10-1）表示了杆端弯矩与杆端位移之间的关系。

（2）一端固定一端铰支的梁。

设图 10-6 中梁 A 端的转角为 φ_A，两端的相对线位移为 Δ，梁上还作用有集中力和均布荷载。根据叠加原理可以得到一端固定一端铰支的梁的转角位移方程，求出杆端弯矩。

$$M_{AB} = 3i\varphi_A - 3i\dfrac{\Delta}{l} + M_{AB}^F \quad (10\text{-}2)$$

式（10-2）称为一端固定一端铰支的梁的转角位移方程。

（3）一端固定一端定向支承的梁。

设图 10-7 中 A 端的转角为 φ_A，B 端转角为 φ_B，梁上还作用有集中力和均布荷载。根据叠加原理可以得到一端固定另一端定向支承的梁的转角位移方程,求出杆端弯矩。

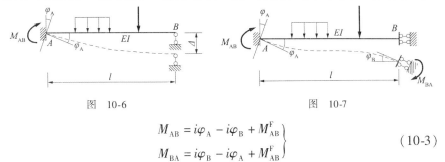

图 10-6   图 10-7

$$\left.\begin{array}{l}M_{AB} = i\varphi_A - i\varphi_B + M_{AB}^F \\ M_{BA} = i\varphi_B - i\varphi_A + M_{AB}^F\end{array}\right\} \quad (10\text{-}3)$$

式(10-3)称为一端固定一端定向支承的梁的转角位移方程。

10.3 位移法基本未知量和基本结构的确定

10.3.1 位移法基本未知量

由上述内容可知,如果已经求得每根杆件的角位移和线位移,则全部杆件的内力均可确定。因此,在位移法中,以刚结点的角位移和独立结点的线位移作为基本未知量。在计算时,应首先确定独立的结点角位移和独立的结点线位移的数目。

独立结点角位移的数目等于独立的刚结点数目。

确定独立的结点线位移的数目时,常采用铰化结点法。具体做法是:假设把原超静定结构的所有刚结点改为铰结点,所有固定支座都改为铰支座,从而得到一个相应的铰结体系。若此铰结体系为几何不变,则原超静定结构所有结点均无线位移。若相应的铰结体系是几何可变或几何瞬变的,就添加支座链杆保证其成为无多余约束的几何不变体系,加入的支座链杆数目等于独立的结点线位移数目,如图10-8所示。

34. 确定位移法基本未知量

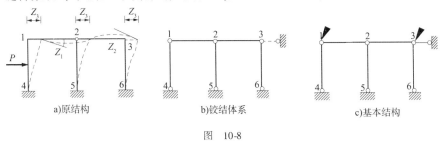

a)原结构   b)铰结体系   c)基本结构

图 10-8

10.3.2 位移法基本结构

位移法的基本结构是由若干根单跨超静定梁组成的杆件体系。在结构的角位移处增设附加刚臂,在结构的线位移处增设附加链杆,使结构各杆成为互相独立、互不干扰的单杆体系,这个单杆体系称为原超静定结构的位移法基本结构。

如图 10-9a)所示的刚架,其刚结点 1、3 上需增加附加刚臂,铰结点 2 不需要加刚臂,得到基本结构如图 10-9b)所示。杆 12、D2、32 均为一端固定另一端铰支的单跨超静定梁。

如图 10-9c)所示的排架结构中,受荷载作用后,横梁的长度不发生变化,各柱顶部发生相同的水平位移 Z_1。只需增加一个附加水平链杆即可限制各结点的水平线位移,其基本结构如图 10-9d)所示。

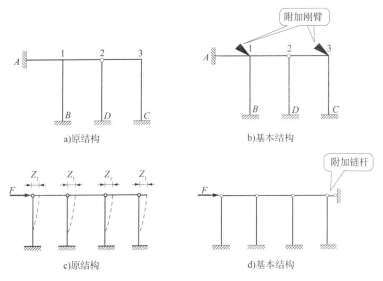

图 10-9

10.4 位移法典型方程

由位移法基本原理可知,用位移法计算超静定结构的关键在于根据静力平衡条件建立位移法方程,从而求得结点的角位移和线位移。对于有 n 个基本未知量的超静定结构,其计算原理与只有 1 个基本未知量时完全相同。

下面以图 10-10a)所示超静定刚架为例,说明位移法方程的建立方法。已知各杆 $EI =$ 常数。

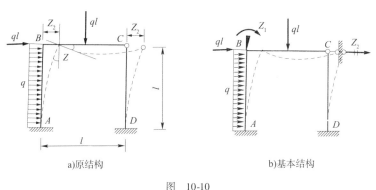

图 10-10

(1)确定基本未知量。该刚架有 2 个基本未知量:独立刚结点的角位移 Z_1 和结点线位移 Z_2。

(2)选择基本结构。在刚结点 B 处增加附加刚臂,在刚结点 C 处增加附加链杆得到两个单跨超静定梁组成的基本结构,见图 10-10b)。

(3)建立平衡方程。假设基本结构在荷载和结点位移 Z_1、Z_2 共同作用下,在附加刚臂上产生反力矩 R_1,在附加链杆上产生的反力为 R_2。欲使图 10-10a)与 b)等效,必须满足静力平衡条件:

$$\begin{cases} R_1 = 0 \\ R_2 = 0 \end{cases}$$

设 Z_1、Z_2 和荷载在附加刚臂上产生的反力矩分别为 R_{11}、R_{12} 和 R_{1P},Z_1、Z_2 和荷载在附加链杆上产生的反力矩分别为 R_{21}、R_{22} 和 R_{2P}。

根据叠加原理,有:

$$\left. \begin{array}{l} R_1 = R_{11} + R_{12} + R_{1P} = 0 \\ R_2 = R_{21} + R_{22} + R_{2P} = 0 \end{array} \right\} \quad (10\text{-}4)$$

设 $Z_1 = 1$、$Z_2 = 1$ 分别单独作用在基本结构上,在附加刚臂上产生的反力矩分别为 r_{11}、r_{12},Z_1、Z_2 和荷载在附加链杆上产生的反力矩分别为 r_{21}、r_{22}。

则式(10-4)又可以写为:

$$\left. \begin{array}{l} r_{11}Z_1 + r_{12}Z_2 + R_{1P} = 0 \\ r_{21}Z_1 + r_{22}Z_2 + R_{2P} = 0 \end{array} \right\} \quad (10\text{-}5)$$

同理,可以建立 n 个基本未知量的位移法典型方程:

$$\left. \begin{array}{l} r_{11}Z_1 + r_{12}Z_2 + \cdots + r_{1n}Z_n + R_{1P} = 0 \\ r_{21}Z_1 + r_{22}Z_2 + \cdots + r_{2n}Z_n + R_{2P} = 0 \\ \cdots \\ r_{n1}Z_1 + r_{n2}Z_2 + \cdots + r_{nn}Z_n + R_{nP} = 0 \end{array} \right\} \quad (10\text{-}6)$$

在上列方程中,系数 r_{11}、$r_{22}\cdots r_{nn}$ 称为主系数,系数 r_{ij} 称为副系数,R_{iP} 称为自由项。

主系数 r_{ii}:基本结构在 $Z_i = 1$ 单独作用时,在附加刚臂 i 上产生的反力矩或在附加链杆 i 上产生的反力。其值恒为正。

副系数 r_{ij}:基本结构在 $Z_j = 1$ 单独作用时,在附加刚臂 i 上产生的反力矩或在附加链杆 i 上产生的反力。其值可以为正、负或为零。可以证明,式中 $r_{ij} = r_{ji}$。

R_{iP}:荷载作用于基本结构上时,附加刚臂或附加链杆 i 上的反力矩或反力,其值可以为正、负或为零。

计算系数和自由项求得结点位移 Z_1、$Z_2\cdots Z_n$ 后,可根据叠加原理按下式计算各杆杆端弯矩值,绘出结构的最后弯矩图。

$$M = Z_1 \cdot \overline{M}_1 + Z_2 \cdot \overline{M}_2 + \cdots + Z_n \cdot \overline{M}_n + M_P$$

式中:$\overline{M}_1$——$Z_i = 1$ 单独作用于基本结构上时的弯矩;

M_P——外荷载单独作用于基本结构上时的弯矩。

$\overline{M}_1$ 和 M_P 可查表 10-1 得到。

下面举例说明用位移法典型方程计算无侧移刚架的过程。

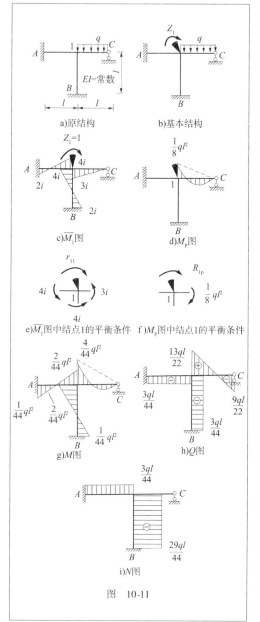

图 10-11

例 10-1 试用位移法计算图 10-11a)所示超静定刚架,并绘制内力图。$EI =$ 常数。

解:(1)确定基本未知量数目。在刚结点 1 处加附加刚臂,得到基本结构,见图 10-11b)。只有 1 个基本未知量 Z_1。

(2)列出位移法典型方程。
$$r_{11}Z_1 + R_{1P} = 0$$

(3)绘制单位弯矩图 $\overline{M}_1$ 图和荷载弯矩图 M_P 图。设 $\overline{M}_1$ 图如图 10-11c)所示,查表 10-1 绘制 M_P 图,如图 10-11d)所示。

(4)利用平衡条件计算系数和自由项。设线刚度 $i = \dfrac{EI}{l}$、$Z_1 = 1$。

根据 $\overline{M}_1$ 图结点 1 的平衡条件[图 10-11e)],列力矩平衡方程,得:
$$\sum M_1 = 0, r_{11} - 4i - 4i - 3i = 0, r_{11} = 11i$$

根据 M_P 图结点 1 的平衡条件[图 10-11f)],列力矩平衡方程,得:
$$\sum M_1 = 0, R_{1P} + \frac{1}{8}ql^2 = 0, R_{1P} = -\frac{1}{8}ql^2$$

(5)求解基本未知量。将 r_{11} 和 R_{1P} 代入位移法典型方程,得:
$$11iZ_1 - \frac{1}{8}ql^2 = 0$$
$$Z_1 = \frac{ql^2}{88i}$$

(6)根据叠加原理 $M = \overline{M}_1 Z_1 + M_P$ 绘制 M 图,见图 10-11g)。

(7)根据静力平衡条件绘制剪力图 Q 图和轴力图 N 图,见图 10-11h)、i)。

综上所述,位移法计算超静定结构的步骤可归纳如下。

(1)确定基本结构。根据基本未知量数目增加附加刚臂或附加链杆,得到由若干个单跨超静定梁组成的杆件体系。

(2)建立位移法典型方程。

(3)绘制单位弯矩图 $\overline{M}_1$ 图和荷载弯矩图 M_P 图。在附加刚臂或附加链杆上设 $Z_i = 1$ 绘出单位弯矩图 $\overline{M}_i$ 图。

(4)利用平衡方程计算系数和自由项。

(5) 求解基本未知量。
(6) 根据叠加原理绘制最终弯矩图 M 图。
(7) 根据静力平衡条件绘制剪力图 Q 图和轴力图 N 图。

＊例 10-2　试用位移法作图 10-12a) 所示超静定刚架的弯矩图。EI = 常数。

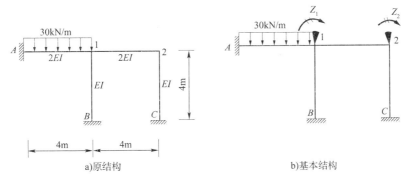

图　10-12

解：(1) 确定基本结构。此例有两个独立的刚结点，则独立角位移数目为 2，此刚架无结点线位移。在刚结点 1、2 处加附加刚臂，得到基本结构，见图 10-12b)。有 2 个基本未知量为刚结点 1、2 处的角位移 Z_1 和 Z_2。

(2) 列位移法典型方程。

$$r_{11}Z_1 + r_{12}Z_2 + R_{1P} = 0$$
$$r_{21}Z_1 + r_{22}Z_2 + R_{2P} = 0$$

(3) 绘制 $\overline{M}_1$ 图、$\overline{M}_2$ 图和 M_P 图。设 $Z_1 = 1$、$Z_2 = 1$，令线刚度 $i = \dfrac{EI}{4}$，绘出单位弯矩图 $\overline{M}_1$ 图和 $\overline{M}_2$ 图，如图 10-13a)、b) 所示。绘出均布荷载 q 单独作用下的荷载弯矩图 M_P 图，如图 10-13c) 所示。

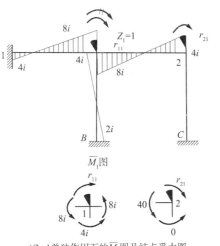

a) $Z_1=1$ 单独作用下的 $\overline{M}_1$ 图及结点受力图

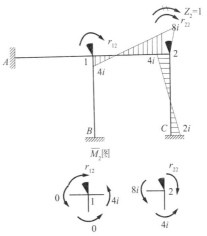

b) $Z_2=1$ 单独作用下的 $\overline{M}_2$ 图及结点受力图

图　10-13

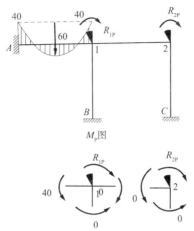

c)均布荷载q单独作用下的M_P图及结点受力图

图 10-13

(4)计算系数和自由项。

根据图 10-13a)、b)、c),画出结点 1、2 在单位荷载 $Z_1=1$、$Z_2=1$ 和均布荷载 q 各自单独作用下的受力图,单跨超静定梁的杆端弯矩可通过查表 10-1 获得,再利用结点 1、2 的力矩平衡条件计算出系数和自由项如下:

根据结点 1 的力矩平衡条件,见图 10-13a),得:
$$\sum M_1 = 0, r_{11} = 20i$$

根据结点 1 的力矩平衡条件,见图 10-13b),得:
$$\sum M_1 = 0, r_{12} = 4i$$

根据图 10-13a)、b),列结点 2 的力矩平衡方程,可得:
$$r_{21} = 4i, r_{22} = 12i$$

根据图 10-13c),列结点 1、2 的力矩平衡方程,可得:
$$R_{1P} = 40, R_{2P} = 0$$

(5)解方程,求出基本未知量 Z_1 和 Z_2。将系数和自由项代入位移法方程,得:
$$20iZ_1 + 4iZ_2 + 40 = 0$$
$$4iZ_1 + 12iZ_2 + 0 = 0$$

解方程得:
$$Z_1 = -\frac{15}{7i}, Z_2 = \frac{5}{7i}$$

(6)绘制最终弯矩图。由叠加原理 $M = \overline{M}_1 Z_1 + \overline{M}_2 Z_2 + M_P$ 计算各杆杆端弯矩值,绘制刚架的 M 图,如图 10-14 所示。

如 A 端弯矩:
$$M_A = 4i \times \left(-\frac{15}{7i}\right) + 0 \times \frac{5}{7i} - 40 = \frac{60}{7} + 40 = -\frac{340}{7}(\text{kN} \cdot \text{m})$$

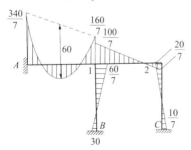

图 10-14 M 图(kN·m)

任务 11　力矩分配法计算超静定结构

课前学习任务

工程引导

杭州湾跨海大桥

杭州湾跨海大桥是中国浙江省境内连接嘉兴市和宁波市的跨海大桥,位于杭州湾海域之上,是沈阳—海口高速公路(国家高速 G15)组成部分之一(图 11-1)。线路全长 36km,桥梁总长 35.7km,桥面为双向六车道高速公路,设计速度 100km/h。

图 11-1

问题思考

(1)谈谈该桥建筑结构的整体布局。
(2)说明北航道桥、南航道桥和引桥的结构特点。
(3)简析杭州湾跨海大桥的建成对本地经济建设的作用。

11.1　力矩分配法的基本概念

力法和位移法是求解超静定结构的基本方法,但当基本未知量的个数较多时,计算过程过于繁杂。力矩分配法是以位移法为理论基础的一种渐近法,杆端转角、杆端弯矩和固端弯矩的正负号规定与位移法相同,适用于计算连续梁和无结点线位移的刚架内力。

下面介绍力矩分配法中的几个名词,然后介绍力矩分配法的基本运算方法。

11.1.1　转动刚度

转动刚度表示杆端抵抗转动的能力。AB 杆 A 端的转动刚度用 S_{AB} 表示,它在数值上等于

35. 任务 11
电子教案

使 AB 杆 A 端产生单位转角 $\theta_A = 1$ 时,在 A 端所需施加的力矩。在 S_{AB} 中,A 端是施加力矩产生转角的一端,称为近端。B 端是杆的另一端,称为远端。图 11-2 给出了等截面直杆远端为不同支承时的转动刚度 S_{AB} 值。

远端固定:$S_{AB} = 4i$

远端铰支:$S_{AB} = 3i$

远端滑动:$S_{AB} = i$

远端自由:$S_{AB} = 0$

可见,转动刚度与杆件的线刚度 $\left(i = \dfrac{EI}{l}\right)$ 及远端的支承情况有关。

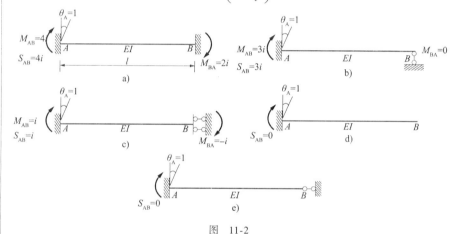

图 11-2

需要注意的是,转动刚度与近端的支承情况无关(铰支、固定等都一样),但近端不能有线位移。

11.1.2 分配系数与分配弯矩

如图 11-3a)所示刚架,结点 A 上作用有力偶矩为 M 的力偶,使结点 A 产生转角 θ_A,由于 AB、AC、AD 三个杆在 A 点为刚结,各杆在 A 端(近端)的转角均为 θ_A,由转动刚度的定义可知各杆转动端(近端)的弯矩为:

$$\left.\begin{array}{l} M_{AB} = S_{AB} \cdot \theta_A \\ M_{AC} = S_{AC} \cdot \theta_A \\ M_{AD} = S_{AD} \cdot \theta_A \end{array}\right\} \quad (11\text{-}1)$$

图 11-3

截取结点 A 为分离体[图 11-3c)],由刚结点 A 的力矩平衡条件,得:
$$\sum M_A = 0, \quad -M + M_{AB} + M_{AC} + M_{AD} = 0$$

将式(11-1)代入上式,得:
$$-M + (S_{AB} + S_{AC} + S_{AD})\theta_A = 0$$

由此可得:
$$\theta_A = \frac{M}{S_{AB} + S_{AC} + S_{AD}} = \frac{M}{\sum_A S} \tag{11-2}$$

式中,$S = S_{AB} + S_{AC} + S_{AD}$,是结点 A 上各杆 A 端(转动端或近端)的转动刚度之和。

将式(11-2)代入式(11-1),可求得各杆转动端(近端)的弯矩分别为:
$$\left.\begin{array}{l} M_{AB} = \dfrac{S_{AB}}{\sum_A S} \cdot M \\[2mm] M_{AC} = \dfrac{S_{AC}}{\sum_A S} \cdot M \\[2mm] M_{AD} = \dfrac{S_{AD}}{\sum_A S} \cdot M \end{array}\right\} \tag{11-3}$$

令
$$\left.\begin{array}{l} \mu_{AB} = \dfrac{S_{AB}}{\sum_A S} \\[2mm] \mu_{AC} = \dfrac{S_{AC}}{\sum_A S} \\[2mm] \mu_{AD} = \dfrac{S_{AD}}{\sum_A S} \end{array}\right\} \tag{11-4}$$

式(11-4)称为各杆在 A 端(转动端或近端)的分配系数,可统一写作:
$$\mu_{ij} = \frac{S_{ij}}{\sum_A S}$$

上式表明,杆 Aj 在 A 端的分配系数等于杆 A 端的转动刚度 S_{Aj} 除以结点 A 上各杆 A 端的转动刚度之和。因此,交汇于同一结点各杆端的分配系数之和应等于1,即:
$$\sum \mu_A = \mu_{AB} + \mu_{AC} + \mu_{AD} = 1 \tag{11-5}$$

通过式(11-5)可以校核各杆端的分配系数。

式(11-3)可改写为:
$$\left.\begin{array}{l} M_{AB} = \mu_{AB} \cdot M \\ M_{AC} = \mu_{AC} \cdot M \\ M_{AD} = \mu_{AD} \cdot M \end{array}\right\} \tag{11-6}$$

式(11-6)表明,作用在结点上的外力偶矩,按分配系数分配给各杆的近端,结点力偶引起的近端弯矩称为分配弯矩。分配弯矩的表达式(11-6)可统一写作:

$$M_{Aj} = \mu_{Aj} \cdot M$$

式中,脚标 A 代表转动端(近端);脚标 j 代表远端;M_{Aj} 代表 Aj 杆 A 端的分配弯矩。

11.1.3 传递系数与传递弯矩

图 11-3a)中,外力偶矩 M 作用于结点 A,在使各杆的近端产生弯矩(分配弯矩)的同时,使各杆远端也产生弯矩。各杆远端弯矩与近端弯矩的比值称为传递系数,用 C 表示。对等截面杆而言,传递系数 C 的大小仅与杆件远端的支承情况有关。例如,图 11-3a)中的 AD 杆,其远端固定,当近端产生转角 θ_A 时,近端弯矩 $M_{AD} = 4i\theta_A$,远端弯矩 $M_{DA} = 2i\theta_A$,所以 AD 杆由 A 端至 D 端的传递系数为:

$$C_{AD} = \frac{M_{DA}}{M_{AD}} = \frac{2i\theta_A}{4i\theta_A} = \frac{1}{2}$$

同理,可求出远端为其他支承情况时各杆的传递系数。为便于应用,将等截面直杆的传递系数和转动刚度列于表 11-1 中。

等截面直杆的转动刚度和传递系数　　　　表 11-1

远端支承情况	转动刚度 S	传递系数 C
固定	$4i$	$1/2$
铰支	$3i$	0
滑动	i	-1
自由或轴向支杆	0	—

远端弯矩又称为传递弯矩,按传递系数的定义,有:

$$M_{jA} = C_{Aj} \cdot M_{Aj}$$

式中,C_{Aj} 为 Aj 杆由 A 端向 j 端的传递系数;M_{jA} 为远端的弯矩(传递弯矩)。该式表明,传递弯矩等于分配弯矩乘以传递系数。

这样就得到了在结点力偶作用下各杆近端弯矩(分配弯矩)和远端弯矩(传递弯矩)的计算公式,从而明确了分配系数、分配弯矩、传递系数和传递弯矩的物理意义。

11.2 力矩分配法计算连续梁

11.2.1 单结点的力矩分配法

如图 11-4a)所示连续梁,受荷载作用后,变形曲线如图中虚线所示,下面讨论连续梁杆端弯矩的计算。

首先,设想在结点 B 加上一个控制其转动的约束——附加刚臂,用符号 ▼ 表示,以阻止结点发生转角(不控制结点线位移),于是得到一个由单跨超静定梁组成的基本结构[图 11-4b)]。当荷载作用在基本结构上时,各杆端产生固端弯矩。在结点 B,各杆的固端弯矩一般是不能互相平衡的,这就必然会在刚臂上产生附加反力矩 M_B,其值可由图 11-4b)所示结点 B 的弯矩平衡条件求得:

$$M_B = M_{BA}^F + M_{BC}^F$$

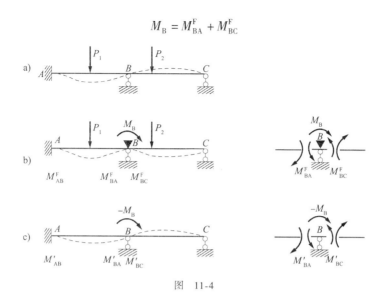

图 11-4

附加反力矩 M_B 称为结点上的不平衡力矩,它等于交汇于该结点各杆端的固端弯矩的代数和,以顺时针方向为正。

在连续梁的结点 B,本来没有刚臂,也就没有附加反力矩 M_B。因此,图 11-4b)中的固端弯矩并不是原结构在实际状态下的杆端弯矩,必须对此加以修正。修正的方法是放松结点 B,即在结点 B 施加一个与 M_B 大小相等而方向相反的外力矩($-M_B$),以抵消刚臂的作用。这个外力矩产生如图 11-4c)所示的变形,同时使结点 B 发生转动。根据前文所学知识,在结点 B 的各杆近端得分配弯矩,各杆远端得传递弯矩。这里需注意,在计算分配弯矩时,所分配的是($-M_B$),也就是说,将结点的不平衡力矩反号后再乘以分配系数,即得到分配弯矩 M',即:

$$M'_{BA} = \mu_{BA} \cdot (-M_B)$$
$$M'_{BC} = \mu_{BC} \cdot (-M_B)$$

将图 11-4b)、c)所示两种情况叠加,就消去了刚臂的作用,使结构回复到原来[图 11-4a)]的状态。

因此,将图 11-4b)、c)所得的杆端弯矩叠加,就是所求连续梁杆端弯矩。例如:

$$M_{BA} = M_{BC}^F + M'_{BA}$$

例 11-1 如图 11-5a)所示的两跨连续梁,用同一材料制成(E = 常数),AB 跨的截面惯性矩为 $2I$,BC 跨的截面惯性矩为 I,荷载作用如图 11-5a)所示,求各杆的杆端弯矩,绘出 M、Q 图,并计算支座反力。

解: 连续梁只在结点 B 有转角,可利用单结点力矩分配法进行计算。计算过程常按在梁下方列表进行。为了便于掌握,现将表中各栏的计算过程说明如下。

(1)计算结点 B 处各杆的分配系数。

各杆转动刚度为:

$$S_{BA} = 3i_{BA} = 3 \times \frac{2EI}{12} = 0.5EI$$

$$S_{BC} = 4i_{BC} = 4 \times \frac{EI}{8} = 0.5EI$$

分配系数为：

$$\mu_{BA} = \frac{S_{BA}}{S_{BA} + S_{BC}} = \frac{0.5}{0.5 + 0.5} = 0.5$$

$$\mu_{BC} = \frac{S_{BC}}{S_{BA} + S_{BC}} = \frac{0.5}{0.5 + 0.5} = 0.5$$

交汇于同一结点的各杆分配系数之和应等于1，据此可进行校核。

$$\mu_{BA} + \mu_{BC} = 0.5 + 0.5 = 1$$

将分配系数填写在图11-5a)下方表中第(1)栏内。

(2) 按表10-1计算固端弯矩。

$$M_{AB}^F = 0$$

$$M_{BA}^F = +\frac{ql^2}{8} = +180 \text{kN} \cdot \text{m}$$

$$M_{BC}^F = -\frac{Pl}{8} = -100 \text{kN} \cdot \text{m}$$

$$M_{CB}^F = +\frac{Pl}{8} = +100 \text{kN} \cdot \text{m}$$

将各固端弯矩填写在图11-5a)下方表中第(2)栏内。

结点B的不平衡力矩为：

$$M_B = M_{BA}^F + M_{BC}^F = 180 - 100 = 80(\text{kN} \cdot \text{m})$$

(3) 计算分配弯矩和传递弯矩。

$$M'_{BA} = \mu_{BC} \cdot (-M_B) = 0.5 \times (-80) = -40(\text{kN} \cdot \text{m})$$

$$M'_{BC} = \mu_{BC} \cdot (-M_B) = 0.5 \times (-80) = -40(\text{kN} \cdot \text{m})$$

$$M'_{CB} = C_{BC} \cdot M'_{BC} = 0.5 \times (-40) = -20(\text{kN} \cdot \text{m})$$

将它们记在图11-5a)下方表中的第(3)栏内，并在结点B的分配弯矩下画一横线，表示该结点已达平衡。在分配弯矩与传递弯矩之间画一个水平方向箭头，表示弯矩传递方向。

(4) 计算杆端最后弯矩。

将以上结果代数相加，即得最后弯矩，记在图11-5a)下方表中第(4)栏内，并画上双横线表示杆端最后弯矩。

由 $M_B = (+140) + (-140) = 0$ 可知满足结点B的弯矩平衡条件。

(5) 根据最后弯矩，利用区段叠加法绘出弯矩图，如图11-5b)所示。

(6) 取各杆和结点为隔离体(弯矩按真实方向画出，剪力暂设为正方向)，由力矩平衡方程求剪力，由竖向投影平衡方程求支座反力(图11-5d)。

$$Q_{AB} = 48.33 \text{kN}$$

$$Q_{BA} = -71.67 \text{kN}$$

$$Q_{BC} = 57.50 \text{kN}$$

$$Q_{CB} = -42.50 \text{kN}$$

$$R_A = Q_{AB} = 48.33 \text{kN}$$

$$R_B = Q_{BC} - Q_{BA} = 57.50 - (-71.67) = 129.17(\text{kN})$$

$$R_C = -Q_{CB} = 42.50 \text{kN}$$

$$M_C = 80 \text{kN} \cdot \text{m}$$

剪力图如图 11-5c)所示。

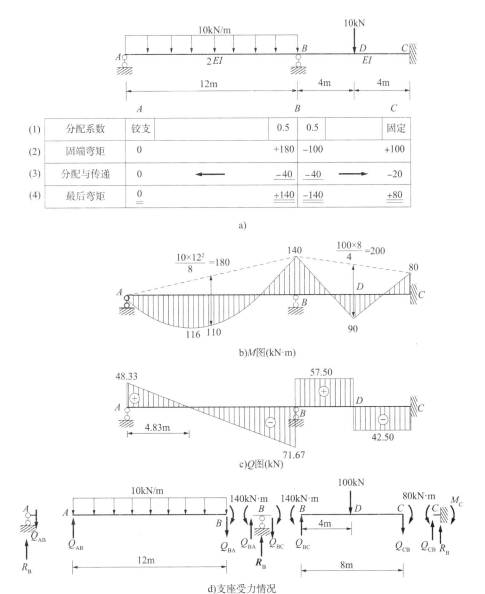

图 11-5

11.2.2 多结点的力矩分配法

对于多结点的连续梁,力矩分配法是依次放松各结点以消除其上的不平衡力矩,但每次只能放松不相邻的各个结点,这时其他结点仍处于锁住状态。这样就形成对各结点轮流放松,也即对各结点轮流进行弯矩的分配与传递,直到不平衡弯矩小到可忽略不计为止。最后将各杆端得到的所有弯矩相叠加,便得到最后的弯矩。

例 11-2 试作图 11-6a)所示连续梁的弯矩图和剪力图。

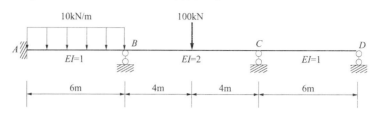

分配系数	固定端		0.400	0.600		0.667	0.333		铰支
固端弯矩	−30		+30	−100		+100			0
C结点一次分配、传递				−33.4 ←		−66.7	−33.3 →		0
B结点一次分配、传递	20.7 ←		41.4	62	→	31			
C结点二次分配、传递				−10.4 ←		−20.7	−10.3		0
B结点二次分配、传递	2.1 ←		4.2	6.2		3.1			
C结点三次分配、传递				−1.1 ←		−2.1	−1		0
B结点三次分配			0.4	0.7					
最后弯矩	−7.2		+76	−76		+44.6	−44.6		0

a)

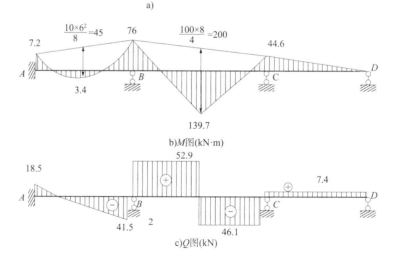

图 11-6

解：通过此例给出多结点力矩分配法的计算过程。对于连续梁，在其下方列表运算较为方便。现按计算过程说明如下：

(1) 求各结点的分配系数。

结点 B：

$$S_{BA} = 4i_{BA} = 4 \times \frac{EI}{l} = \frac{2}{3} = 0.667$$

$$S_{BC} = 4i_{BC} = 4 \times \frac{EI}{l} = 1$$

所以

$$\mu_{BA} = \frac{S_{BA}}{S_{BA} + S_{BC}} = \frac{0.667}{0.667 + 1} = 0.4$$

$$\mu_{BC} = \frac{S_{BC}}{S_{BA} + S_{BC}} = \frac{1}{0.667 + 1} = 0.6$$

校核：$\mu_{BA} + \mu_{BC} = 0.4 + 0.6 = 1$

结点 C：

$$S_{CB} = 4i_{CB} = 4 \times \frac{EI}{l} = 1$$

$$S_{CD} = 3i_{CD} = 3 \times \frac{EI}{l} = 0.5$$

所以：

$$\mu_{CB} = \frac{S_{CB}}{S_{CB} + S_{CD}} = \frac{1}{1 + 0.5} = 0.667$$

$$\mu_{CD} = \frac{S_{CD}}{S_{CD} + S_{CB}} = \frac{0.5}{0.5 + 1} = 0.333$$

校核：$\mu_{CB} + \mu_{CD} = 0.667 + 0.333 = 1$

将分配系数写在表中各结点下方的方格内。

(2) 计算固端弯矩。

$$M_{AB}^{F} = -\frac{ql^2}{12} = -\frac{10 \times 6^2}{12} = -30.0(\text{kN} \cdot \text{m})$$

$$M_{BA}^{F} = +\frac{ql^2}{12} = +\frac{10 \times 6^2}{12} = +30.0(\text{kN} \cdot \text{m})$$

$$M_{BC}^{F} = -\frac{Pl}{8} = -\frac{100 \times 8}{8} = -100(\text{kN} \cdot \text{m})$$

$$M_{CB}^{F} = +\frac{Pl}{8} = +\frac{100 \times 8}{8} = +100(\text{kN} \cdot \text{m})$$

$$M_{CD}^{F} = M_{DC}^{F} = 0$$

结点 B 上的不平衡力矩为：

$$M_B = M_{BA}^{F} + M_{BC}^{F} = 30 - 100 = -70(\text{kN} \cdot \text{m})$$

结点 C 上的不平衡力矩为：

$$M_C = M_{CB}^{F} + M_{CD}^{F} = 100(\text{kN} \cdot \text{m})$$

(3) 计算分配弯矩和传递弯矩。放松结点 C（此时结点 B 仍被固定），按单结点进行分配和传递。再放松结点 B，这样就完成第一轮循环，而后按相同步骤进行第二轮、第三轮……循环，全部计算过程列于图 11-6a) 下方的表格中。

(4) 作最终弯矩图。将固端弯矩、历次的分配弯矩和传递弯矩进行叠加，即得各杆端的最后弯矩，见表格中的最后一行。

(5) 按结点弯矩平衡条件进行校核。

结点 B：
$$\sum M_B = 76 - 76 = 0$$
结点 C：
$$\sum M_C = 44.6 - 44.6 = 0$$

可见，满足结点平衡条件。

（6）根据杆端弯矩和杆段上的荷载，用区段叠加法绘出 M 图，如图 11-6b) 所示。

（7）用例 11-1 中同样的方法可求出各杆两端剪力，并画出 Q 图，如图 11-6c) 所示。

例 11-3 图 11-7a) 所示为一带悬臂的等截面连续梁，试作 M 图。其中，$EI =$ 常数。

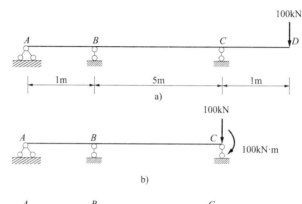

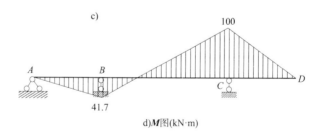

图 11-7

解：此梁的悬臂部分 CD 是静定的，这部分内力根据静力平衡条件可求出。若将悬臂部分去掉，而以相应的弯矩和剪力作为外力作用在结点 C 处[图 11-7b)]，则支座 C 便为铰支座，整个梁计算可按只有一个刚结点 B 来进行。

（1）计算分配系数。

$$\mu_{BA} = \frac{S_{BA}}{S_{BA}+S_{BC}} = \frac{3\dfrac{EI}{1}}{3\dfrac{EI}{1}+3\dfrac{EI}{5}} = \frac{15}{18} = \frac{5}{6}$$

$$\mu_{BC} = \frac{S_{BC}}{S_{BC} + S_{BA}} = \frac{3}{18} = \frac{1}{6}$$

校核：

$$\mu_{BA} + \mu_{BC} = \frac{5}{6} + \frac{1}{6} = 1$$

（2）计算固端弯矩。

BC 杆相当于一端固定，另一端铰支的单跨超静定梁，在铰支座 C 处受一集中力和一顺时针方向的力偶作用。集中力由铰支座 C 直接承受而不会使梁产生弯矩，故可不予考虑。而力偶则将使 BC 杆引起固端弯矩。根据表 10-1 计算可得：

$$M_{BC}^F = \frac{1}{2}m = 50 \text{kN} \cdot \text{m}$$

$$M_{CB}^F = m = 100 \text{kN} \cdot \text{m}$$

（3）计算分配弯矩和传递弯矩。一次放松结点 B 进行分配即可平衡。求出杆端弯矩，所有计算可列于表格中［图 11-7c）］。

（4）作最终弯矩图。将固端弯矩、历次的分配弯矩和传递弯矩进行叠加，即得各杆端最后弯矩，见表格中的最后一行。根据杆端弯矩绘出 M 图，悬臂部分按静力法绘出即可，如图 11-7d）所示。

*11.3 力矩分配法计算无侧移刚架

用力矩分配法计算无侧移刚架时，逐次轮流放松每一个结点，应用上节单结点的力矩分配法，就可逐次渐近求出各杆的杆端弯矩。

下面通过例题分析，说明具体计算过程。

例 11-4 用力矩分配法计算图 11-8a）所示刚架，并作弯矩图。

解：（1）计算分配系数。

$$\mu_{AB} = \frac{S_{AB}}{S_{AB} + S_{AC} + S_{AD}} = \frac{4 \times 1.1}{4 \times 1.1 + 3 \times 1.2 + 2} = \frac{4.4}{10} = 0.44$$

$$\mu_{AC} = \frac{3 \times 1.2}{10} = \frac{3.6}{10} = 0.36$$

$$\mu_{AD} = \frac{2}{10} = 0.20$$

（2）计算固端弯矩。

$$M_{AD}^F = M_{DA}^F = -\frac{1}{2} \times 20 \times 4 = -40(\text{kN} \cdot \text{m})$$

外力矩 60kN·m 作用在结点 A 上，不是作用在某一杆上，在计算固端弯矩时，已经假想在结点 A 处增加附加刚臂，因此该外力矩不产生固端弯矩，外力矩由附加刚臂承受，并引起约束力矩。由结点平衡条件［图 11-8b）］求得不平衡力矩为：

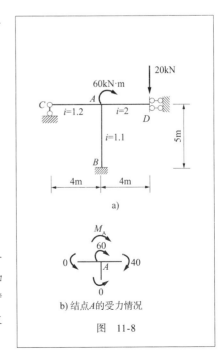

图 11-8

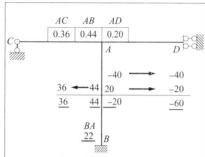

c) 分配、传递与叠加示意图

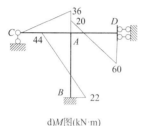

d) M图 (kN·m)

图 11-8

$$M_A = -60 - 40 = -100(\text{kN} \cdot \text{m})$$

(3) 计算分配弯矩和传递弯矩。

将 M_A 反号并进行分配与传递计算,整个计算过程按图 11-8c) 的格式进行。

(4) 绘制刚架弯矩图。

将各杆端点的固端弯矩、分配弯矩与传递弯矩进行叠加,即得各杆端最后弯矩,画出最终弯矩图,如图 11-8d) 所示。

例 11-5 用力矩分配法计算图 11-9a) 所示超静定刚架,并作弯矩图。已知梁的线刚度均为 1.8,柱的线刚度均为 1.2。

解:(1) 计算分配系数。有两个结点要分别计算。

结点 C:CD 杆的 D 端虽有水平支承链杆,但其反力对 CD 杆的弯矩无影响,CD 杆仍相当于悬臂梁。不过,这里采用切除悬臂杆的办法并不能简化计算,需要在结点 C 进行力矩分配与传递,故 CD 杆不予切除。计算分配系数时,$S_{CD} = 0$,于是得:

$$\mu_{CB} = \frac{S_{CB}}{S_{CB}+S_{CF}+S_{CD}} = \frac{4 \times 1.8}{4 \times 1.8 + 4 \times 1.2 + 0} = \frac{7.2}{12.0} = 0.60$$

$$\mu_{CF} = \frac{4 \times 1.2}{4 \times 1.8 + 4 \times 1.2 + 0} = \frac{4.8}{12.0} = 0.40, \mu_{CD} = \frac{0}{12.0} = 0$$

结点 B:

$$\mu_{BA} = \frac{S_{BA}}{S_{BA}+S_{BC}+S_{BE}} = \frac{3 \times 1.8}{3 \times 1.8 + 4 \times 1.8 + 4 \times 1.2} = \frac{5.4}{17.4} = 0.310$$

$$\mu_{BE} = \frac{4 \times 1.2}{17.4} = 0.276, \mu_{BC} = \frac{4 \times 1.8}{17.4} = 0.414$$

(2) 计算固端弯矩。

$$M_{BA}^F = \frac{1}{8} \times 15 \times 4^2 = 30(\text{kN} \cdot \text{m})$$

$$M_{CD}^F = -20 \times 2 = -40(\text{kN} \cdot \text{m})$$

结点 B 的不平衡力矩:$M_B = -40\text{kN} \cdot \text{m}$

结点 C 的不平衡力矩:$M_C = 30\text{kN} \cdot \text{m}$

(3) 计算分配弯矩和传递弯矩。

将不平衡力矩 M_B、M_C 反号并进行分配与传递计算,整个计算过程按图 11-9b) 的格式进行。注意先对不平衡力矩数值大的结点进行分配弯矩计算。

(4) 绘制刚架弯矩图。

将各杆端点的固端弯矩、分配弯矩与传递弯矩进行叠加,即得各杆端最后弯矩,画出最终弯矩图,如图 11-9c) 所示。

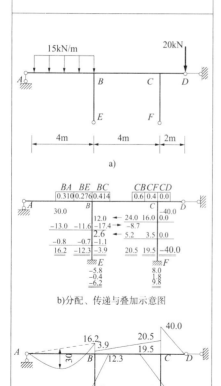

图 11-9

例 11-6 试用力矩分配法求图 11-10a)所示无侧移刚架结构的弯矩图。

解:(1)计算分配系数。

根据杆长计算线刚度 $i=\dfrac{EI}{4}$。

各杆转动刚度为 $S_{CA}=S_{CD}=S_{DB}=S_{DC}=4i$,$S_{DC}=2i$。

$$\mu_{CA}=\mu_{CD}=\frac{4i}{4i+4i}=0.5$$

$$\mu_{DB}=\mu_{DC}=\frac{4i}{4i+4i+2i}=0.4$$

$$\mu_{DE}=\frac{2i}{4i+4i+2i}=0.2$$

(2)计算固端弯矩。查表 10-1 计算后得到图 11-10b)所示的固端弯矩图。

$$M_{CA}^F=-\frac{1}{12}\times 15\times 4^2=-20(\text{kN}\cdot\text{m})$$

$$M_{DC}^F=20\text{kN}\cdot\text{m}$$

$$M_{DE}^F=-\frac{1}{3}\times 15\times 2^2=-20(\text{kN}\cdot\text{m})$$

$$M_{ED}^F=-\frac{1}{6}\times 15\times 2^2=-20(\text{kN}\cdot\text{m})$$

(3)计算分配弯矩和传递弯矩。

结点 C 的不平衡力矩大于结点 D 的不平衡力矩,先对结点 C 进行分配与传递。

将不平衡力矩 M_C、M_D 反号并进行分配与传递计算,整个计算过程按图 11-10d)的格式进行。注意先对不平衡力矩数值大的结点进行分配弯矩计算。

(4)绘制刚架弯矩图。

将各杆端点的固端弯矩、分配弯矩与传递弯矩进行叠加,即得各杆端最后弯矩,画出最终弯矩图,如图 11-10c)所示。

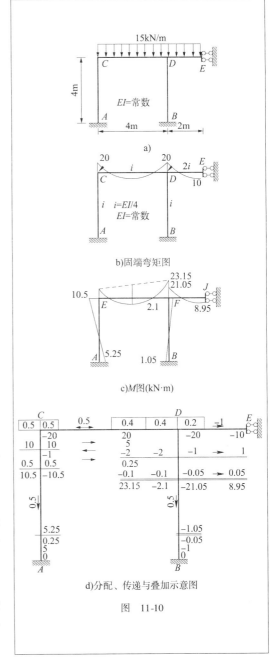

图 11-10

练习题

一、判断题

1. 题1-1图中结构当支座 A 发生转动时,各杆均产生内力。( )

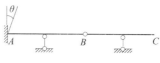

题 1-1 图

2. 位移法的基本未知量的个数与超静定次数无关。　　　　　　　　　　(　　)
3. 图示刚架 EI 为常数,各杆杆长为 l,杆端弯矩 $M_{AB}=2i$。　　　(　　)
4. 对于超静定结构,任何外界因素都有可能引起内力。　　　　　　　　(　　)

二、填空题

1. 静定结构是_____多余约束的几何不变体系,超静定结构是_____多余约束的几何不变体系。
2. 超静定结构中多余约束的数目称为_____。
3. 题 2-3 图中结构的超静定次数是_____。

题 2-3 图

4. 力法的基本未知量是_____,位移法的基本未知量是结构的_____。
5. 杆件杆端转动刚度的大小取决于杆件的_____和_____。
6. 题 2-6 图中两端固定单跨超静定梁的转动刚度 $S_{AB}=$ _____。

题 2-6 图

三、计算题

1. 确定题 3-1 图所示结构的超静定次数。

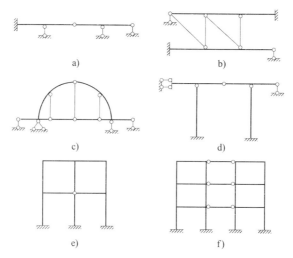

题 3-1 图

2. 用力法计算题 3-2 图所示超静定梁,并画出 M、Q 图。$EI=$ 常数。

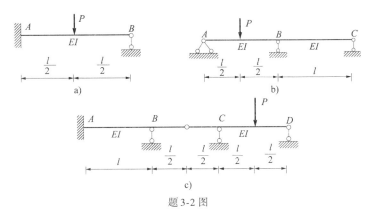

题 3-2 图

3. 用力法计算题 3-3 图所示超静定刚架,并画出 M、Q、N 图。EI = 常数。

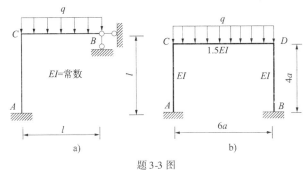

题 3-3 图

4. 用位移法计算题 3-4 图所示超静定结构,并作 M、Q、N 图。EI = 常数。

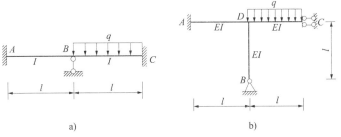

题 3-4 图

5. 用力矩分配法计算题 3-5 图所示连续梁,并作 M、Q 图。EI = 常数。

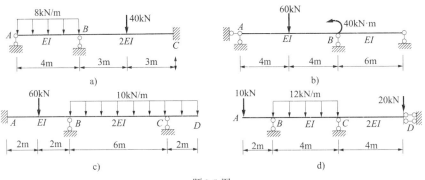

题 3-5 图

6. 用力矩分配法计算题 3-6 图所示无侧移刚架,并绘制弯矩图。EI = 常数。

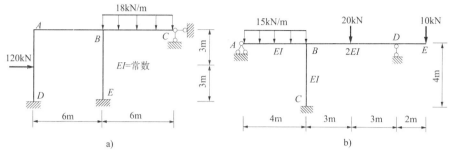

题 3-6 图

 实践能力训练任务

【任务描述】

在结构混凝土施工过程中,常需用到钢模板,它以能多次使用、混凝土浇筑成型美观等特点被广泛应用于结构工程中。在使用过程中需要根据模板受力来选择钢模板的尺寸,《公路桥涵施工技术规范》(JTG/T 3650—2020)(下文简称《规范》)第 5.1.2 条文规定:"模板和支架应具有足够的强度、刚度和稳定性,应能承受施工过程中所产生的各种荷载。",且按《规范》第 5.1.3 条文的要求必须编制设计计算书。

要求:分组完成工程施工计算书一份。主题为:钢模板的力学计算分析。字数不少于 2000 字。

施工现场的桥墩钢模板

【工程背景】

某高速公路桥墩项目,现拟采用钢模板进行桥墩混凝土施工,钢模板面板厚度为 6mm,肋采用[10 号槽钢,肋间距为 300mm,请对该钢模板进行强度、刚度计算(其中面板按三跨连续梁,肋按两跨连续梁计算)。

1. 受力与结构特点分析

(1)分析钢模板面板和肋的外力特点和变形类别。

(2)分析槽钢标准型号和对应的截面性质。

平面钢模板图

2. 荷载工况分析

(1) 分析本次计算中钢模板主要受到的荷载,并进行勾选(多选)。

新浇筑混凝土对模板侧面的压力:$47kN/m^2$。 ( )

模板自重按尺寸计算。 ( )

混凝土入模时产生的水平方向的冲击荷载:$4kN/m^2$。 ( )

新浇筑混凝土重力:$25kN/m^2$。 ( )

施工人员及施工设备、施工材料等荷载:$1.0kN/m^2$。 ( )

(2) 查阅并摘抄《规范》第5.2.6条文中模板荷载组合要求,并计算荷载。

3. 钢模板强度计算

(1) 分别绘制钢模板面板和肋的受力简图。

(2) 对钢模板面板进行强度校核。

(3) 对钢模板肋进行强度校核。

4. 钢模板刚度计算

(1) 查阅并摘抄《规范》第5.2.8条文中钢模板刚度要求。

(2) 对钢模板面板进行刚度校核。

(3) 对钢模板肋进行刚度校核。

模块四 移动荷载作用下的结构受力分析

MODULE FOUR

> **学习目标**
>
> ▶ **能力目标**
> 1. 能够绘制单跨和多跨静定梁的反力、内力影响线;
> 2. 能够绘制间接荷载作用下的主梁影响线;
> 3. 会利用影响线计算固定荷载作用下梁的支座反力和内力;
> 4. 能够利用影响线确定结构最不利荷载位置;
> 5. 能够确定简支梁的绝对最大弯矩。
>
> ▶ **知识目标**
> 1. 能够叙述影响线的概念;
> 2. 会解释直接荷载、间接荷载的定义;
> 3. 知道我国公路和铁路标准荷载。

37. 模块四素质目标

38. 模块四思维导图

任务12 绘制单跨静定梁的影响线

――― 课前学习任务 ―――

工程引导

如图 12-1 所示,车辆在道路、桥梁上行驶时产生的荷载称为车辆行驶荷载。这种荷载的特点是荷载面积大、荷载位置变化快、荷载方向确定。车辆行驶荷载对道路结构的影响较大,需要在设计时充分考虑。汽车车轮对路面的荷载位置是变化的,这种荷载称为移动荷载。

图 12-1

问题思考

（1）根据荷载作用在结构上的位置是否改变,荷载可分为固定荷载和移动荷载。请分别列举两种固定荷载和两种移动荷载。

（2）如图 12-2 所示,当集中力 P 按照 $A \rightarrow 1 \rightarrow 2 \rightarrow 3 \rightarrow B$ 的顺序在梁上移动时,试求集中力 P 分别作用在这 5 个位置时 A 和 B 的支座反力。

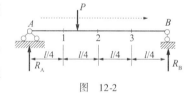

图 12-2

集中力 P 作用在点 A 时		
	$R_A =$	$R_B =$
集中力 P 作用在点 1 时		
	$R_A =$	$R_B =$
集中力 P 作用在点 2 时		
	$R_A =$	$R_B =$

续上表

集中力 P 作用在点 3 时	$R_A =$	$R_B =$
集中力 P 作用在点 B 时	$R_A =$	$R_B =$
当集中力 P 沿梁从左向右移动时,支座反力的大小是逐渐增大还是逐渐减小?(选择一个答案)	R_A:增大 减小	R_B:增大 减小

12.1 影响线的概念

根据荷载作用在结构上的位置是否改变,把荷载分为固定荷载和移动荷载(如:桥梁上的列车、汽车、走动的人群等荷载)。实际工程中,许多结构同时承受着固定荷载和移动荷载的作用。结构在固定荷载作用下,其支座反力和内力都是不变的;在移动荷载作用下,结构的支座反力和某截面的内力将随着荷载位置的移动而发生改变。

在进行结构设计和验算时,必须求出移动荷载作用下反力和内力的最大值。为此需解决以下两个问题:①研究荷载移动时反力和内力的变化规律;②确定使反力或内力产生最大值时的移动荷载位置。这一荷载位置称为**最不利荷载位置**。

为了方便分析,本书将结构的反力、内力和位移统称为**量值**。利用量值的变化规律,确定该量值的最不利荷载位置,从而求出该量值的最大值。所求的最大值可作为结构设计和验算的依据。由此可见,解决结构在移动荷载作用下的计算问题,了解量值的变化规律是关键。

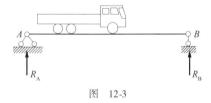

图 12-3

移动荷载在移动过程中,不同反力和不同截面的内力变化规律是不相同的,即使是同一截面,不同内力的变化规律也不相同。如图 12-3 所示简支梁,当汽车由左向右行驶时,反力 R_A 将逐渐减小,反力 R_B 逐渐增大。因此,一次只宜研究一个反力或某一个截面的某一项内力的变化规律。

在实际工程中,移动荷载通常由一系列间距保持不变的竖向荷载所组成,且其类型很多,无法逐一研究。为此,可先研究一竖向单位集中荷载 $P=1$ 沿结构移动时,对某一指定量值所产生的影响。然后根据叠加原理就可进一步研究各种移动荷载对该量值的影响。

如图 12-4a)所示简支梁,当荷载 $P=1$ 分别移动到 A、1、2、3、B 各点时,反力 R_A 的数值分别为 1、3/4、1/2、1/4、0。以横坐标表示荷载 $P=1$ 的位置,以纵坐标表示反力 R_A 的数值,则可将以上各数值在水平基线上绘出,用曲线或直线将纵坐标各顶点连接起来,这样所得的图形[图 12-4b)]就表示了 $P=1$ 在梁上移动时反力 R_A 的变化规律,这一图形称为反力 R_A 的影响线。

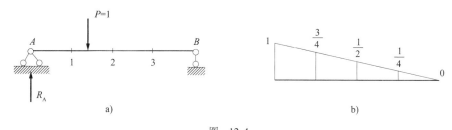

图 12-4

39. 任务 12
电子教案

40. 影响线的定义

当竖向单位集中荷载 $P=1$ 沿结构移动时,表示结构某一指定量值变化规律的图形,称为该量值的影响线。影响线是研究移动荷载计算问题的工具。

12.2 静力法绘制单跨静定梁的影响线

绘制影响线的方法有三种:静力法、机动法(模块五介绍)和联合法。静力法和机动法为两种基本方法,联合法是取两种基本方法的优点而成的方法。

静力法:将单位移动荷载 $P=1$ 放在任意位置,选定坐标系,以 x 为变量,利用静力平衡条件列出指定量值与 x 之间的函数关系式,即为影响线方程,然后利用影响线方程绘制出影响线。

在绘制影响线时,通常规定正值的纵坐标绘在基线的上方,负值的纵坐标绘制在基线的下方。

以下详细介绍采用静力法绘制单跨梁(简支梁、悬臂梁、外伸梁)的支座反力影响线、弯矩影响线及剪力影响线的方法。

12.2.1 简支梁的影响线

(1)绘制支座反力 R_A 的影响线。

绘制图 12-5a)所示简支梁支座反力 R_A、R_B 的影响线。

绘制过程及方法:设单位荷载 $P=1$ 在简支梁 AB 上移动,取 A 点为坐标原点,以 x 表示单位荷载 $P=1$ 距原点的距离,x 以向右为正。设反力以向上为正,取 AB 梁为研究对象。

由平衡条件 $\sum M_B = 0$,得:

$$R_A l - P(l-x) = 0$$

$$R_A = P\frac{(l-x)}{l} = \frac{l-x}{l} \quad (0 \leq x \leq l)$$

这就是 R_A 的影响线方程。它是 x 的一次函数,故 R_A 的影响线为一条直线,用两点即可确定。

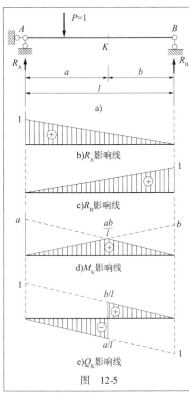

图 12-5

$$x=0, R_A=1; x=l, R_A=0$$

如此便可绘出 R_A 的影响线，如图 12-5b)所示。

根据影响线的定义，R_A 的影响线中的任一纵坐标即代表荷载 $P=1$ 作用于该处时反力 R_A 的大小，如图中的 y_K 即代表 $P=1$ 作用在 K 点时，反力 R_A 的大小。

因 $P=1$ 是一无量纲量，故反力影响线的纵坐标也是无量纲量。

（2）**绘制支座反力 R_B 的影响线。**

由平衡条件 $\sum M_A=0$，得：

$$R_B l - Px = 0$$

$$R_B = P\frac{x}{l} = \frac{x}{l} \qquad (0 \leq x \leq l)$$

这就是 R_B 的影响线方程。它是 x 的一次函数，故 R_B 的影响线为一条直线，用两点即可确定。

$$x=0, R_B=0; x=l, R_B=1$$

如此便可绘出 R_B 的影响线，如图 12-5c)所示。

（3）**绘制 K 截面弯矩 M_K 的影响线。**

绘制图 12-5a)所示简支梁 K 截面的弯矩影响线，规定以使梁的下边纤维受拉的弯矩为正。为计算方便，当集中荷载 $P=1$ 在 K 以左的梁段 AK 上移动时，取截面 K 以右部分 BK 段为研究对象；当集中荷载 $P=1$ 在 K 以右的梁段 BK 上移动时，取截面 K 以左部分 AK 段为研究对象。

由平衡条件 $\sum M_K=0$，有：

$P=1$ 在 AB 梁段移动：$M_K = R_B b = \dfrac{x}{l}b \qquad (0 \leq x \leq a)$

$P=1$ 在 KB 梁段移动：$M_K = R_A a = \dfrac{l-x}{l}a \qquad (a \leq x \leq l)$

由方程可知，K 截面弯矩影响线由左、右两段直线组成。

根据两点 $x=0, M_K=0; x=a, M_K=\dfrac{ab}{l}$，即可绘制出 K 以左的直线。

根据两点 $x=a, M_K=\dfrac{ab}{l}; x=l, M_K=0$，即可绘制出 K 以右的直线。

K 截面的弯矩影响线如图 12-5d)所示。

（4）**绘制 K 截面剪力 Q_K 的影响线。**

绘制图 12-5a)所示简支梁 K 截面的剪力影响线，规定绕研究对象顺时针旋转的剪力为正。为计算方便，当集中荷载 $P=1$ 在 K 以左的梁段 AK 上移动时，取截面 K 以右部分 BK 段为研究对象；当集中荷载 $P=1$ 在 K 以右的梁段 BK 上移动时，取截面 K 以左部分 AK 段为研究对象。

由平衡条件 $\sum Y=0$，有：

$P=1$ 在 AB 梁段移动：$Q_K = -R_B = -\dfrac{x}{l}$ $\quad (0 \leqslant x \leqslant a)$

$P=1$ 在 KB 梁段移动：$Q_K = R_A = \dfrac{l-x}{l}$ $\quad (a \leqslant x \leqslant l)$

由方程可知，K 截面剪力影响线由左、右两段直线组成。

根据两点 $x=0$，$Q_K=0$；$x=a$，$Q_{K左}=-\dfrac{a}{l}$，即可绘制出 K 以左的直线。

根据两点 $x=a$，$Q_{K右}=\dfrac{b}{l}$；$x=l$，$Q_K=0$，即可绘制出 K 以右的直线。

K 截面的剪力影响线如图 12-5e) 所示。由图可知，Q_K 的影响线由两段相互平行的直线组成，其纵坐标在 K 点处发生突变。当集中荷载 $P=1$ 位于截面 K 以左时产生的剪力 $Q_{K左}=-\dfrac{a}{l}$，当集中荷载 $P=1$ 位于截面 K 以右时产生的剪力 $Q_{K右}=\dfrac{b}{l}$，故在 K 点的突变值为 $\dfrac{a}{l}+\dfrac{b}{l}=1$。而当集中荷载 $P=1$ 恰好作用于 K 点时，Q_K 是不确定的。

(5) 简支梁某截面的内力影响线与反力影响线的关系。

由图 12-5 所示简支梁 AB 的支座反力 R_A、R_B 的影响线方程及影响线，K 截面的内力（弯矩及剪力）M_K、Q_K 影响线方程及影响线可以看出：

弯矩影响线与支座反力影响线的关系为弯矩影响线的左直线可由反力 R_B 的影响线将纵坐标放大 b 倍后取 AK 段图形得到，而右直线可由反力 R_A 的影响线将纵坐标放大 a 倍后取 BK 段图形得到。

剪力影响线与支座反力影响线的关系：剪力影响线的左直线可将 R_B 的影响线沿基线镜像后取 AK 段图形得到，而右直线直接取 R_A 的影响线 BK 段图形得到。

因此，利用反力与某截面的内力的影响线关系绘制某量值的影响线是绘制影响线的又一方法。

12.2.2 外伸梁的影响线

(1) **反力影响线**。

绘制图 12-6a) 所示外伸梁支座反力 R_A、R_B 影响线。

绘制过程及方法：设单位集中荷载 $P=1$ 在简支梁 DE 上移动，取 A 点为坐标原点，以 x 表示荷载 $P=1$ 距原点的距离，x 以向右为正。设反力以向上为正，取 DE 梁为研究对象。

由平衡条件 $\sum M_B = 0$ 得：

$$R_A l - P(l-x) = 0$$

$$R_A = P\dfrac{(l-x)}{l} = \dfrac{l-x}{l} \quad (-l_1 \leqslant x \leqslant l+l_2)$$

即为 R_A 的影响线方程。

由平衡条件 $\sum M_A = 0$ 得：

$$R_B l - Px = 0$$

$$R_B = P\dfrac{x}{l} = \dfrac{x}{l} \quad (-l_1 \leqslant x \leqslant l+l_2)$$

即为 R_B 的影响线方程。

注意到,R_A、R_B 的影响线方程与简支梁的反力影响方程完全相同,因此只需将简支梁的反力影响线向左右两个外伸部分延长,即可得到外伸梁的反力影响线,如图 12-6b)、c)所示。

(2)指定截面内力影响线。

内力(弯矩和剪力)影响线分三种情况,即指定截面位于外伸梁的跨内部分、外伸部分以及支座部分来研究。

①绘制图 12-6a)所示外伸梁 C 截面的弯矩和剪力影响线。

截面 C 位于梁的跨内部分时,该截面的内力影响线绘制过程及方法:

设单位集中荷载 $P=1$ 在简支梁 DE 上移动,取 A 点为坐标原点,以 x 表示荷载 $P=1$ 距原点的距离,x 以向右为正。弯矩和剪力的正方向规定与简支梁相同。当集中荷载 $P=1$ 在截面 C 以左的梁段 DC 上移动时,取截面 C 以右部分 EC 段为研究对象;当集中荷载 $P=1$ 在截面 C 以右的梁段 EC 上移动时,取截面 C 以左部分 DC 段为研究对象。

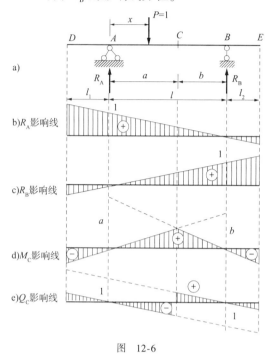

图 12-6

由平衡条件 $\sum M_C = 0$,有:

$P=1$ 在 DC 梁段移动:$M_C = R_B \cdot b = \dfrac{x}{l} b$ ($-l_1 \leq x \leq a$)

$P=1$ 在 CE 梁段移动:$M_C = R_A \cdot a = \dfrac{l-x}{l} a$ ($a \leq x \leq l + l_2$)

由平衡条件 $\sum Y = 0$,有:

$P=1$ 在 DC 梁段移动:$Q_C = -R_B = -\dfrac{x}{l}$ ($-l_1 \leq x \leq a$)

$P=1$ 在 CE 梁段移动:$Q_C = R_A = \dfrac{l-x}{l}$ ($a < x \leq l + l_2$)

注意到,C 截面的内力影响线方程和简支梁的内力方程完全相同。因此只需将简支梁的内力影响线向左右两个外伸部分延长,即可得到外伸梁的内力影响线,如图 12-6d)、12-6e)所示。

②截面 K 位于梁的外伸部分时[图 12-7a)],其截面的内力影响线绘制过程及方法。

为计算方便,取 K 点为坐标原点,以 x 表示集中荷载 $P=1$ 距原点的距离,x 以向右为正,取 KE 段梁为研究对象。

由平衡条件 $\sum M_K = 0$,有:

$P=1$ 在 DK 梁段移动:$M_K = 0$

$P=1$ 在 KE 梁段移动:$M_K = -x$

由平衡条件 $\sum Y = 0$,有:

$P = 1$ 在 DK 梁段移动: $Q_C = 0$

$P = 1$ 在 KE 梁段移动: $Q_C = 1$

由以上结果绘出 K 截面弯矩和剪力的影响线如图 12-7b)、c)所示。

③当截面 K 位于梁的支座处时,该截面的内力影响线应分别就支座左右两侧的截面进行讨论,因为这两侧的截面分属于外伸部分和跨内部分。当支座处截面位于跨内时,内力的影响线可由跨内截面的内力影响线中截面趋于支座截面而得到;当支座处截面位于外伸部分时,内力的影响线可由外伸截面的内力影响线中截面趋于支座截面而得到。例如支座 B 右侧截面的剪力 $Q_{B右}$ 的影响线,可由图 12-7 中的 Q_K 的影响线使截面 K 趋于截面 $B_右$ 而得到,如图 12-7d)所示;支座 B 左侧截面的剪力 $Q_{B左}$ 的影响线,可由图 12-2 中的 Q_C 的影响线使截面 C 趋于截面 $B_左$ 而得到,如图 12-7e)所示。

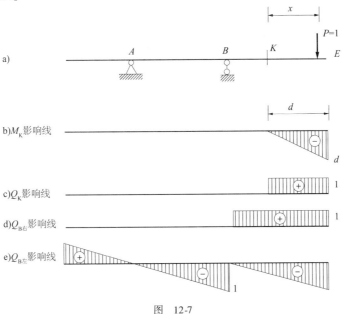

图 12-7

12.2.3 悬臂梁的影响线

(1)反力影响线。

绘制图 12-8a)所示悬臂梁支座反力 R_A、反力偶 M_A 的影响线。

绘制过程及方法:设单位集中荷载 $P = 1$ 在悬臂梁 AB 上移动,取 A 点为坐标原点,以 x 表示荷载 $P = 1$ 距原点的距离,x 以向右为正。设反力以向上为正,反力偶以逆时针为正,取 AB 梁为研究对象。

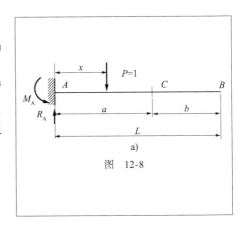

图 12-8

由平衡条件 $\sum Y = 0$,得:

$$R_A = 1 \quad (0 \leqslant x \leqslant l)$$

即为 R_A 的影响线方程。

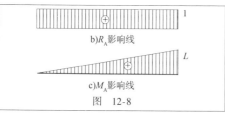

由平衡条件 $\sum M_A = 0$，得：
$$R_B - Px = 0$$
$$R_B = Px = x \quad (0 \leqslant x \leqslant l)$$
即为 M_A 的影响线方程。

则反力 R_A、反力偶 M_A 影响线如图 12-8b)、c) 所示。

(2) 指定截面的内力影响线。

绘制过程及方法：为计算方便，取 K 点为坐标原点，以 x 表示集中荷载 $P=1$ 距原点的距离，x 以向右为正，取 KE 段梁为研究对象。

由平衡条件 $\sum M_K = 0$，有：

$P=1$ 在 DK 梁段移动：$M_K = 0$

$P=1$ 在 KE 梁段移动：$M_K = -x$

由平衡条件 $\sum Y = 0$，有：

$P=1$ 在 DK 梁段移动：$Q_C = 0$

$P=1$ 在 KE 梁段移动：$Q_C = 1$

弯矩和剪力的影响线方程与外伸梁截面在外伸部分时的内力影响线方程完全相同。

最后指出，对于静定结构，其反力和内力的影响线方程都是 x 的一次函数，故静定结构的反力、内力影响线都是由直线所组成的。

例 12-1 如图 12-9 所示外伸梁：用静力法绘制 A、B 支座反力以及 E、F 截面的内力影响线；利用量值之间的关系绘制 G 截面的内力影响线。

解：令 A 点为坐标原点，x 轴代表集中荷载 $P=1$ 所在的位置，x 以向右为正。

(1) 求 A、B 支座反力 R_A、R_B 的影响线。

取整体为研究对象，由平衡条件有：

$$\sum M_B = 0, (4-x)P - 4R_A = 0 \quad R_A = \frac{4-x}{4} \quad (-2 \leqslant x \leqslant 6)$$

$$\sum M_A = 0, -Px + 4 = 0 \quad R_B = \frac{x}{4} \quad (-2 \leqslant x \leqslant 6)$$

上两式即为 R_A、R_B 的影响线方程，根据方程即可绘制相应的影响线，如图 12-9a)、b) 所示。

(2) 求截面 E 的 Q_E、M_E 的影响线。

当 $P=1$ 在截面 E 以左的梁段移动时，取截面 E 以右的梁段为研究对象，如图 12-10 所示，列平衡条件得：

$$Q_E = -R_B = -\frac{x}{4} \quad (-2 \leqslant x \leqslant 1)$$

$$M_E = 3R_B = \frac{3}{4}x \quad (-2 \leqslant x \leqslant 1)$$

当 $P=1$ 在截面 E 以右的梁段移动时，取截面 E 以左的梁段为研究对象，如图 12-11 所示，由平衡条件得：

$$Q_E = R_A = \frac{4-x}{4} \quad (1 \leqslant x \leqslant 6)$$

$$M_E = R_A = \frac{4-x}{4} \qquad (1 \leqslant x \leqslant 6)$$

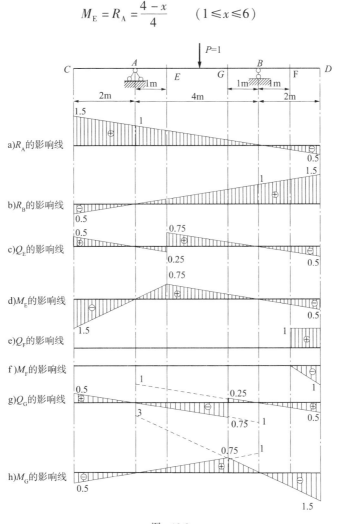

图 12-9

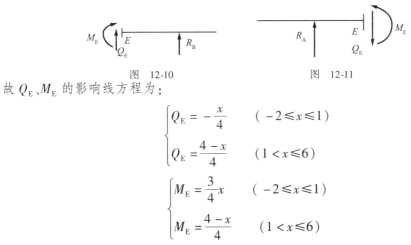

图 12-10　　　　　　图 12-11

故 Q_E、M_E 的影响线方程为:

$$\begin{cases} Q_E = -\dfrac{x}{4} & (-2 \leqslant x \leqslant 1) \\ Q_E = \dfrac{4-x}{4} & (1 < x \leqslant 6) \end{cases}$$

$$\begin{cases} M_E = \dfrac{3}{4}x & (-2 \leqslant x \leqslant 1) \\ M_E = \dfrac{4-x}{4} & (1 < x \leqslant 6) \end{cases}$$

根据影响线方程即可绘制出相应的影响线,如图 12-9c)、d)所示。

(3) 求截面 F 的 Q_F、M_F 影响线。

$P=1$ 在截面 F 以左的梁段移动时,取截面 F 以右的梁段为研究对象,由平衡条件得:
$$Q_F = 0 \quad (-2 \leqslant x < 5), M_F = 0 \quad (-2 \leqslant x \leqslant 5)$$

$P=1$ 在截面 F 以左的梁段移动时,取截面 F 以右的梁段为研究对象,由平衡条件得:
$$Q_F = 1 \quad (5 < x \leqslant 6), M_F = -x \quad (5 \leqslant x \leqslant 6)$$

根据影响线方程绘制相应的影响线,如图 12-9e)、f)所示。

(4) 求截面 G 的 Q_G、M_G 影响线。

根据截面内力影响线与支座反力影响线的关系,可知:

$P=1$ 在截面 G 以左的梁段移动时:
$$Q_G = -R_B \quad (-2 \leqslant x < 3)$$
$$M_G = 1 \times R_B \quad (-2 \leqslant x \leqslant 3)$$

$P=1$ 在截面 E 以右的梁段移动时:
$$Q_E = R_A \quad (3 < x \leqslant 6)$$
$$M_E = 3R_A \quad (3 \leqslant x \leqslant 6)$$

Q_G 影响线:G 截面左侧图形由 R_B 影响线沿基线镜像得到的图形取 CG 段得到,G 截面的右侧图形由 R_A 影响线取 GD 段得到。如图 12-9g)所示。

Q_G 影响线:G 截面左侧图形由 R_B 影响线取 CG 段得到,G 截面的右侧图形由 R_A 影响线纵坐标放大 3 倍并取 GD 段得到。如图 12-9h)所示。

需要指出的是:内力影响线与内力图的概念完全不同,要注意区分。二者的区别见表 12-1。

内力影响线与内力图的区别　　　表 12-1

项目	内力图	内力影响线
横坐标	表示所求内力的截面位置	单位移动荷载 $P=1$ 的作用位置
纵坐标	表示不同截面的内力	表示同一截面的内力
荷载	固定荷载	单位移动荷载
量纲	有量纲	无量纲

12.3 静力法绘制多跨静定梁的影响线

作多跨静定梁的影响线,关键在于区分基本部分和附属部分以及各部分之间的传力关系,再利用单跨静定梁的已知影响线,绘制多跨静定梁的影响线。

如图 12-12a)所示多跨静定梁,由基本部分 HE、一级附属部分 EF 和二级附属部分 FG 组成,层叠图如图 12-12b)所示。根据荷载自上而下的传递特性可知,当移动荷载作用在基本部分 HF 上时,对附属部分没有影响;当移动荷载作用在一级附属部分 EF 上时,对基本部分 HE 以及 EF 杆自身有影响,对二级附属部分 FG 没有影响;当移动荷载作用在二级附属部分 FG 上时,对整个多跨静定梁均有影响。

根据单位移动荷载和所求量值的位置不同分以下两类情况进行分析。

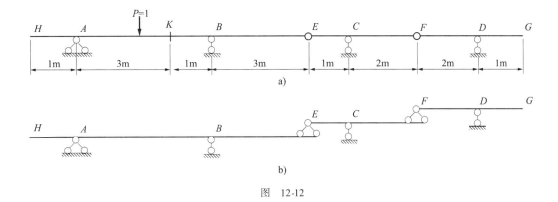

图 12-12

12.3.1 所求量值在梁的基本部分的影响线绘制

以绘制 K 截面的弯矩影响线为例,介绍所求量值在梁的基本部分时,基本部分和附属部分的影响线绘制方法。

(1) $P=1$ 在基本部分上移动。

$P=1$ 在基本部分上移动时(图 12-13),附属部分没有荷载,对基本部分没有影响。因此,这种情况下的多跨静定梁影响线等效于单跨静定梁的影响线。

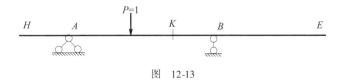

图 12-13

(2) $P=1$ 在附属部分上移动。

$P=1$ 在 EF 段移动时(图 12-14),根据荷载自上而下传递的特性可知,对二级附属 FG 没有影响,荷载会通过 E 铰传给基本部分 ECF,对 K 截面的弯矩有影响。那么,是如何影响的呢?

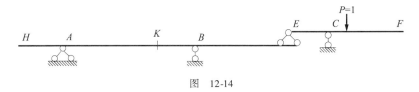

图 12-14

如图 12-15 所示,设 $P=1$ 距 E 点的距离为 $x(1 \leqslant x \leqslant 3)$,取 EF 杆为研究对象,列平衡方程可得:

$$\sum M_C = 0, V_E = x - 1$$

取 HE 杆为研究对象,列平衡方程可得:

$$\sum M_B = 0, V_A = \frac{3}{4}(x-1)$$

取 HK 段为研究对象,列平衡方程可得:

$$\sum M_K = 0, M_K = \frac{9}{4}(x-1)$$

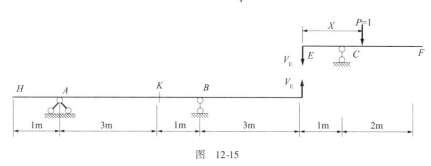

图 12-15

由以上分析可知,K 截面的弯矩值的变化规律是关于 $P=1$ 距 E 点距离的一次函数,即 K 截面弯矩在 EF 段的影响线为直线。绘制直线只需要确定两点的弯矩值即可。E 点为 HE 和 EF 的公共点,故 $P=1$ 作用在 E 点时的 M_K 值可由单位移动荷载作用在 HE 杆上的影响线求出。C 点为支座点,故 $P=1$ 作用在 C 点 $M_K=0$。由 E、C 两点的 M_K 值即可绘制 $P=1$ 作用在 EF 段时 M_K 的影响线。

故所求量值在梁的基本部分时多跨静定梁的影响线绘制分为两部分:

①$P=1$ 在基本部分上移动时,所求量值的影响线同基本部分的单跨静定梁。

②$P=1$ 在附属部分上移动时,所求量值的影响线为直线。

12.3.2 所求量值在梁的附属部分的影响线绘制

(1)$P=1$ 在基本部分上移动。

因为所求量值在梁的附属部分,所以 $P=1$ 在基本部分移动时,对所求量值没有影响。故基本部分没有影响线。

(2)$P=1$ 在附属部分上移动。

此种情形与所求量值在基本部分的影响线绘制一样。

当 $P=1$ 作用在量值所在的附属部分,则该部分的影响线同该部分的单跨静定梁影响线;当 $P=1$ 作用在量值所在附属部分的附属,则影响线为直线。

综上所述,梁的基本部分上某量值的影响线,布满基本梁和与其相关的附属梁,在基本梁上与相应单跨静定梁的影响线相同,在附属梁上以结点为界按直线规律变化。在铰结点处影响线发生拐折,在滑动联结处左右量值平行。

附属梁上某量值影响线,只在该附属梁上有非零值,且与相应单跨静定梁的影响线相同。

例 12-2 如图 12-16 所示的多跨静定梁,试绘制 M_K、Q_K、R_C、R_D 的影响线。

解: 先作外伸梁 HE 的 M_K 影响线。

作图 12-16a)所示多跨静定梁 M_K 的影响线时,先作外伸梁 HE 的 M_K 影响线,注意 $P=1$ 置于 C、D 点时产生的 M_K 等于零,所以 M_K 影响线在 C、D 点纵坐标为零,最后在附属梁上依结点 E、F 为界连成直线。影响线如图 12-16b)所示。

作 R_C 影响线时,在 EF 范围按外伸梁反力影响线绘制,在与其相关的基本梁 HE 范围内

R_C 影响线纵坐标为零,与其相关的附属梁 FG 范围 R_C 影响线按直线规律变化,R_C 影响线在 D 点纵坐标为零。影响线如图 12-16d) 所示。

作 R_D 影响线时,在 FG 范围按外伸梁反力影响线绘制,在与其相关的基本梁 HE 和一级附属 EG 范围内 R_D 影响线纵坐标为零。影响线如图 12-16e) 所示。

读者可自行分析作出 Q_K 影响线。注意 K 截面位于基本部分。

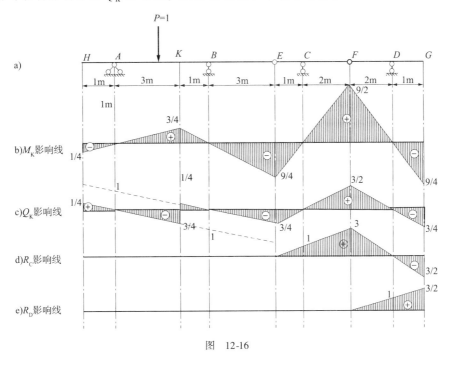

图 12-16

任务 13　绘制间接荷载作用下的主梁影响线

---- 课前学习任务 ----

工程引导

在实际的工程结构中,荷载有时不是直接作用在结构上,而是通过纵横梁系间接地作用于结构之上。

如图 13-1a) 所示纵横梁桥面系中,主梁与横梁相连接,纵梁在横梁之上。可以看出,无论荷载作用于纵梁的何处,主梁承受的荷载总是经过横梁传递的结点荷载,这种荷载传递方式称为结点传荷。

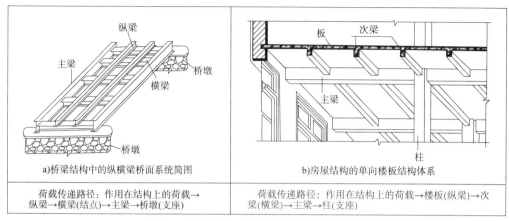

图 13-1

问题思考

2 人一组,在图 13-1 中指出荷载传递路径。

任务 12 中讨论影响线的画法时,荷载都是直接作用在梁上的。在工程实际中桥梁和房屋建筑中的某些主梁,则是通过纵梁和横梁将荷载传到主梁上的。图 13-2a) 所示为桥梁结构中的纵横梁桥面系统的简图。计算主梁时通常可假定纵梁简支在横梁上,横梁简支在主梁上。荷载直接作用在纵梁上,再通过横梁传到主梁上,主梁只在各横梁处(结点处)受到集中力作用。对主梁而言,这种荷载称为**间接荷载**或结点荷载。

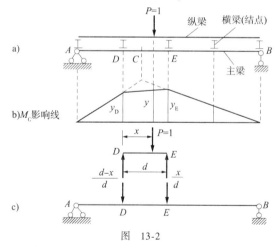

图 13-2

下面以主梁上 C 截面的弯矩影响线为例,来说明间接荷载作用下影响线的特点和绘制方法。

首先考虑 $P=1$ 移动到各结点处时的情况,与荷载直接作用在主梁上的情况完全相同。因此,可先作出荷载直接作用在主梁上的 M_C 影响线,如图 13-2b) 所示虚线,对于间接荷载来说,图 13-2b) 各结点处的纵坐标都是正确的。

其次,考虑荷载 $P=1$ 在任意两相邻结点 D、E 之间的纵梁上移动的情况。此时,主梁将在 D、E 两点处分别同时受到结点荷载 $\dfrac{d-x}{d}$ 及 $\dfrac{x}{d}$ 的作用[图 13-1c)]。设直接荷载作用下 M_C 影响线在 D、E 处的纵坐标分别为 y_D 和 y_E,则根据影响线的定义和叠加原理可知,在上述两荷载作用

下 M_C 值应为：

$$M_C = \frac{d-x}{d}y_D + \frac{x}{d}y_E$$

上式为 x 的一次函数，且由：

$$x=0, y=y_D; x=d, y=y_E$$

可知，将纵坐标 y_D 和 y_E 的顶点用一直线相连，即是该段 M_C 的影响线。

同理，当单位移动荷载 $P=1$ 作用在各段纵梁上时，各段的影响线也是每段两结点处纵坐标顶点连成的直线。因此，在间接荷载作用下，M_C 影响线如图13-2b)中的实线所示。

实际上，上面的结论适用于间接荷载作用下任何量值的影响线。由此，可将绘制间接荷载作用下主梁影响线的一般方法归纳如下：

（1）作出主梁在直接荷载作用下所求量值的影响线（画成虚线）。
（2）标注各结点在虚线上的纵坐标。
（3）节间连直线。即将相邻结点的纵坐标以直线相连。

例 13-1 试作图13-3主梁在结点荷载作用时 R_B、M_C、Q_C 的影响线。

解：（1）绘制 $P=1$ 直接作用在主梁 AC 上时 C 截面内力的影响线和支座 A 的反力影响线。按照外伸梁影响线绘制 R_B、M_C、Q_C 影响线（画虚线）。

（2）标注反力和内力影响线（虚线）上结点的纵坐标。

（3）将各相邻结点纵坐标用直线相连即得 R_B、M_C、Q_C 影响线。如图13-3b)、c)、d)所示。

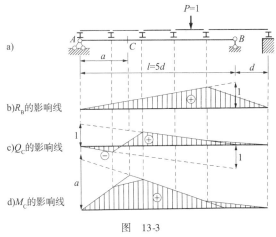

图 13-3

例 13-2 绘制图13-4a)所示的主梁 AB 的支座反力和 C 截面的内力影响线。

解：（1）绘制 $P=1$ 直接作用在主梁 AC 上时 C 截面内力的影响线。按照外伸梁影响线绘制 M_C、Q_C 影响线（虚线）。

（2）标注内力影响线（虚线）与结点的纵坐标。

41. 任务13
电子教案

42. 绘制间接荷载下主梁影响线

（3）将各相邻结点纵坐标用直线相连即得 M_C、Q_C 影响线。如图 13-4b)、c)所示。

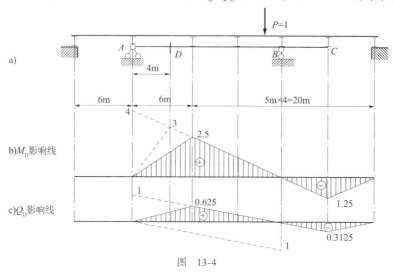

图 13-4

任务 14　结构最不利荷载位置的确定

课前学习任务

工程引导

如图 14-1 所示两例桥梁垮塌事件均由货车超载所致。

2009 年 4 月 12 日，河南省漯河市的一辆重型拖挂货车由南向北行驶到位于漯河市的 107 国道澧河桥上时，该桥一段桥面突然发生坍塌，挂车掉入水中。经过对事故车的检测表明，该桥限载 55t，而货车主车质量达 96t，挂车载货量约 150t，加上车身自重，总质量约 260t，属严重超载。

2021 年 8 月 11 日，哈尔滨一辆重型卡车拉载碎石途经肇东市涝洲镇灌区渠首第一座桥时（桥长 47.5m、桥宽 8m)，将桥压塌。经查，该桥限载 8t，而货车自身 19t、载货 31t，属严重超载。

图　14-1

问题思考

(1) 桥梁一级公路荷载设计的限载是多少？
(2) 桥梁的最大限载是如何计算得到的？

在移动荷载作用下，结构上的各种量值都将随荷载位置的移动而变化。在结构设计中，需要计算各量值的最大值（包括最大正值 S_{max} 和最大负值，最大负值通常称为最小值 S_{min}）作为设计的依据。为此，必须先确定使各量值出现最大值的荷载位置，即**最不利荷载位置**。

确定最不利荷载位置是影响线最重要的作用。目的就是利用它来解决实际移动荷载对于某一量值的最不利位置，从而求出该量值的最大值。

14.1 我国公路铁路标准荷载

14.1.1 公路标准荷载

我国现行的公路标准荷载在《公路工程技术标准》（JTG B01—2014）中规定：
(1) 汽车荷载分为公路—Ⅰ级和公路—Ⅱ级两个等级，见表14-1。

汽车荷载等级   表14-1

公路技术等级	高速公路	一级公路	二级公路	三级公路	四级公路
汽车荷载等级	公路—Ⅰ级	公路—Ⅰ级	公路—Ⅰ级	公路—Ⅱ级	公路—Ⅱ级

注：1. 二级公路作为集散公路且交通量小、重型车辆少时，其桥涵设计时可考虑采用公路—Ⅱ级荷载。
2. 对交通组成中重载交通比例较大的公路，宜采用与该公路交通组成相适应的汽车荷载模式进行结构整体和局部验算。

(2) 汽车荷载由车道荷载和车辆荷载组成。车道荷载由均布荷载和集中荷载组成。桥梁结构的整体分析计算时采用车道荷载；桥梁结构的局部加载、涵洞、桥台和挡土墙土压力等的计算采用车辆荷载。车辆荷载与车道荷载的作用不得叠加。

(3) 车道荷载的计算简图式如图 14-2 所示。

①公路—Ⅰ级车道荷载的均布荷载标准值为 $q_k = 10.5 \text{kN/m}$。集中荷载标准值按以下规定选取：桥涵计算跨径小于或等于5m时，$P_k = 270 \text{kN}$；桥涵计算跨径等于或大于50m时，$P_k = 360 \text{kN}$；桥涵计算跨径在5~50m之间时，P_k 采用直线内插求得。计算剪力效应时，上述集中荷载标准值 P_k 应乘以 1.2 的系数。

②公路—Ⅱ级车道荷载的均布荷载标准值 q_k 和集中荷载标准值 P_k 按公路—Ⅰ级车道荷载的75%采用。

③车道荷载的均布荷载标准值应满布于使结构产生最不利效应的同号影响线上；集中荷载标准值只作用于相应影响线中一个最大影响线峰值处。

④车辆荷载的立面布置如图 14-3 所示。公路—Ⅰ级和公路—Ⅱ级汽车荷载采用相同的车辆荷载标准值。

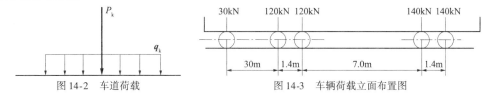

图 14-2 车道荷载   图 14-3 车辆荷载立面布置图

14.1.2 铁路标准荷载

我国现行的铁路标准荷载在《铁路列车荷载图式》(TB/T 3466—2016)中规定：列车荷载图示根据线路类型按表 14-2 选用；当选用的图式与线路类型不一致时，应研究确定图式配套的参数体系。

铁路荷载图式 表 14-2

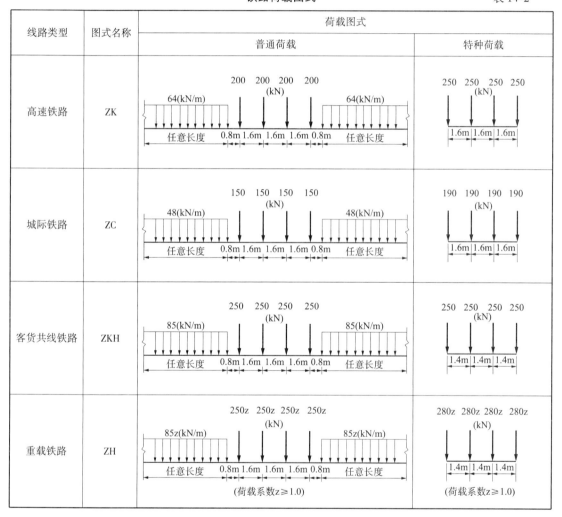

14.2 利用影响线计算固定荷载作用下的量值

14.2.1 固定集中荷载作用

设某量值的影响线已绘出，如图 14-4 所示。现有若干竖向集中力(P_1、P_2、$\cdots$、P_n)作用于已知位置，其对应于影响线上的竖标分别为 y_1、y_2、$\cdots$、y_n。要求由这些集中荷载作用所产生的量值 S 的大小。

我们知道,影响线上的竖标 y_1 表示荷载 $P=1$ 作用于该处时 S 的大小,若荷载不是 1 而是 P_1,则 $S=P_1y_1$。因此,当若干集中力作用时,根据叠加原理可知,所产生的 S 值为:

$$S = P_1y_1 + P_2y_2 + \cdots + P_ny_n = \sum P_iy_i \tag{14-1}$$

14.2.2 固定均布荷载作用

如图 14-5 所示,若将分布荷载沿其长度分成无穷小的微段,则每一微段 $\mathrm{d}x$ 上的荷载 $q(x)\mathrm{d}x$ 都可作为一集中力,故在 ab 区段内的分布荷载所产生的量值 S 为:

$$S = \int_a^b y \cdot q(x)\mathrm{d}x$$

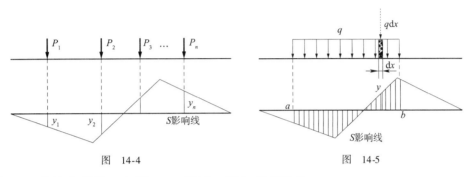

图 14-4　　　　　　图 14-5

若 $q(x)$ 为均布荷载 q,如图 14-4 所示。则上式可写成:

$$S = q\int_a^b y\mathrm{d}x = q\omega \tag{14-2}$$

式中,ω 表示影响线在均布荷载范围 ab 内的面积。若在该范围内影响线有正有负,则 ω 应为正负面积的代数和。

例 14-1　试求图 14-6a) 所示的外伸梁 C 截面的弯矩值。

解:作出 M_C 弯矩影响线如图 14-6b) 所示。根据集中荷载和均布荷载作用下量值的求解公式得:

$$M_C = 30 \times \frac{2}{3} + 15 \times \frac{4}{3} + 6 \times \left(\frac{2}{3} \times 1 \times \frac{1}{2} - \frac{4}{3} \times 2 \times \frac{1}{2}\right) + 12 \times \left(-\frac{4}{3}\right) = 18(\mathrm{kN}\cdot\mathrm{m})$$

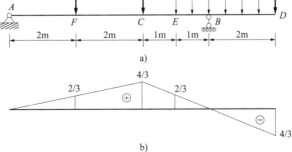

图 14-6

43. 任务 14
电子教案

14.3　移动荷载最不利位置的确定

如前所述,必须先确定使某一量值出现最大值的位置,即为最不利荷载位置。只要确定所求量值的最不利荷载位置,其量值便可依据前面所述的固定荷载作用下量值的求解方法算出。

下面就单个集中荷载作用、任意长度均布荷载作用以及行列荷载作用三种情形讨论如何用影响线来确定最不利荷载位置。

14.3.1　单个集中荷载作用下最不利位置的确定

如图 14-7 所示,只有一个集中荷载 P。将 P 置于 S 影响线的最大竖标处即产生量值的最大值 S_{max};而将 P 置于 S 影响线的最小竖标处即产生量值的最小值 S_{min}。

14.3.2　任意长度均布荷载作用下最不利位置的确定

如图 14-8 所示,对于人群、货物等可以随意断续布置的均布荷载,由任意长度均布荷载 $S = q\omega$ 可知:当荷载布满对应于影响线所有正面积的部分,则产生量值的最大值 S_{max};反之,当荷载布满对应于影响线所有负面积的部分,则产生量值的最小值 S_{min}。

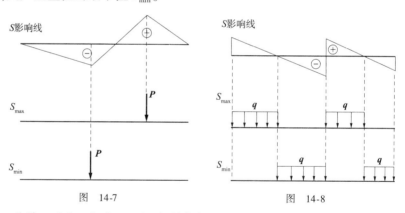

图 14-7　　　　　　　图 14-8

公路—Ⅰ级、公路—Ⅱ级车道荷载是由可任意断续布置的均布荷载和单个集中荷载所组成,因此,将上述两种情况的结果叠加即可找出最不利荷载位置。

例 14-2　试求图 14-9 所示的简支梁在公路—Ⅰ级车道荷载作用下 C 截面的弯矩及剪力最大值、最小值。

解:(1)作出 C 截面的弯矩、剪力影响线,如图 14-9b)、d)所示,

(2)确定最不利荷载的位置,画梁上荷载分布图,分别如图 14-9c)、e)、f)所示。

(3)计算标准荷载。公路—Ⅰ级车道荷载的均布荷载为:
$$q_c = 10.5 \text{kN/m}$$

因跨度为40m,公路—Ⅰ级车道荷载的集中荷载由直线内插法可求得:

$$P_c = 180 + (360 - 180) \times \frac{40-4}{50-5} = 320(\text{kN})$$

$$M_{\max} = 10.5 \times \frac{1}{2} \times \frac{75}{8} \times 40 + 320 \times \frac{75}{8} = 1968.75 + 3000 = 4968.75(\text{kN} \cdot \text{m})$$

$$Q_{C\max} = 10.5 \times \frac{1}{2} \times \frac{5}{8} \times 25 + 1.2 \times 320 \times \frac{5}{8} = 82.03 + 240 = 322.03(\text{kN})$$

$$Q_{C\min} = -10.5 \times \frac{1}{2} \times \frac{3}{8} \times 15 - 1.2 \times 320 \times \frac{3}{8} = -29.53 - 144 = -173.53(\text{kN})$$

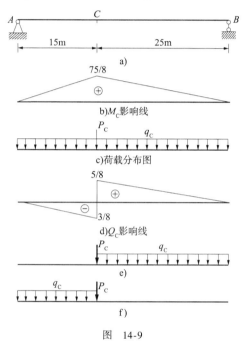

图 14-9

例 14-3 试求图 14-10a)所示简支梁在公路—Ⅰ级车道荷载及车辆荷载作用下跨中截面 C 的弯矩最大值及 $A_右$ 截面的剪力最大值。

解:(1)作出 M_C 影响线及 $Q_{A右}$ 影响线如图 14-10b)、e)所示。

(2)确定车道荷载作用下最不利荷载位置,画荷载分布图,如图 14-10c)、f)所示。
梁的跨度为5m,有:$P_C = 180\text{kN}$;$q_C = 10.5\text{kN/m}$。

(3)计算车道荷载作用时,C 的弯矩最大值 $M_{C\max}$ 及 $A_右$ 截面的剪力最大值 $Q_{A右\max}$。

$$M_{C\max} = 10.5 \times \frac{1}{2} \times 1.25 \times 5 + 180 \times 1.25 = 257.81(\text{kN} \cdot \text{m})$$

$$Q_{A右\max} = 10.5 \times \frac{1}{2} \times 1 \times 5 + 1.2 \times 180 \times 1 = 242.25(\text{kN})$$

(4)确定车辆荷载作用下最不利荷载位置,画荷载分布图,如图 14-10d)、g)所示。

(5)计算车辆荷载作用时,C 的弯矩最大值 $M_{C\max}$ 及 $A_右$ 截面的剪力最大值 $Q_{A右\max}$。

$$M_{C\max} = 140 \times \left(1.25 + 1.25 \times \frac{1.1}{2.5}\right) = 329(\text{kN} \cdot \text{m})$$

$$Q_{A右\max} = 140 \times \left(1 + \frac{3.6}{5}\right) = 240.8(\text{kN})$$

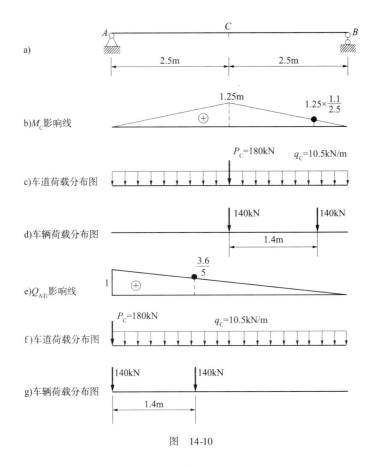

图 14-10

14.3.3 行列荷载作用下最不利位置的确定

行列荷载是指间距不变的一组移动荷载,如火车、起重机的轮压荷载等。行列荷载作用下,在最不利位置时,必有一个集中荷载作用在影响线的顶点。

(1)集中荷载个数较少的行列荷载情况。

由式(14-1),即 $S = \sum P_i y_i$ 可知,只要把数值大、排列密的荷载放在影响线竖标大的位置处,并让其中一个荷载通过影响线的顶点(这可能有多种情况),分别算出 S 值,从中选出的最大值必定是 S_{max}。对于集中荷载个数较少的行列荷载,用这种方法求 S_{max} 及其对应的最不利荷载位置较为便捷。

例 14-4 图 14-11a)所示为两台起重机的轮压和轮距,求吊车梁 AB 在截面 C 的最大正剪力。

解:(1)绘制 Q_C 影响线见图 14-11c)。

(2)绘制荷载分布图。

分析:要使 Q_C 为最大正剪力,首先应将荷载放在 Q_C 影响线的正号部分。然后,应将排列较密的荷载(中间两个轮压)放在竖标较大的位置:荷载 300kN 放在 C 点的右侧。图 14-11b)所示为最不利荷载位置。

(3)计算 Q_{Cmax}。

根据式(14-1),得:

$$Q_{C\max} = 300 \times \frac{2}{3} + 200 \times 0.425 = 285 \,(\text{kN})$$

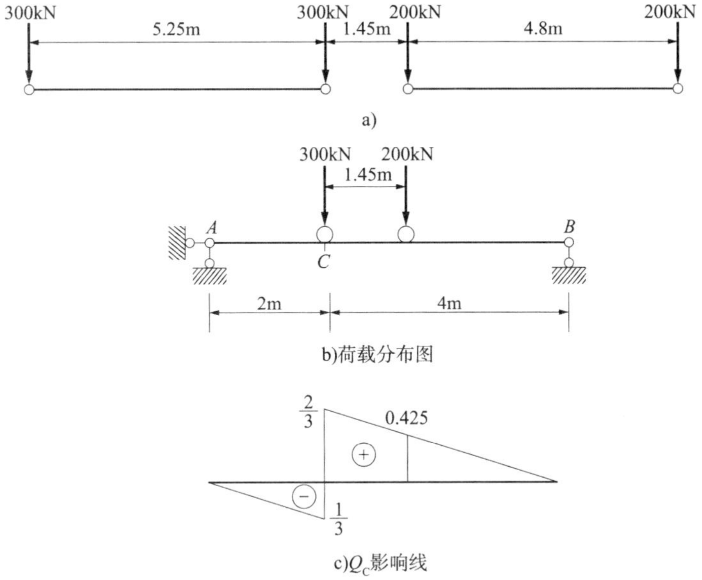

图 14-11

例 14-5 简支吊车梁[图 14-12a)]承受的起重能力为 20t、10t 的两台桥式箱梁起重机传来的最大轮压力各为 195kN、118kN，轮距均为 4.4m，两台起重机并行的最小间距为 1.15m。试求 K 截面的最大弯矩。图中 $P_1 = P_2 = 195$kN，$P_3 = P_4 = 118$kN。

解：

先作 M_K 影响线，再作荷载分布图：将 P_1、P_2、P_3 分别作用在 M_K 影响线顶点时都可能产生 M_K 最大值，见图 14-12b)。

由公式(14-1)，$S = \sum P_i y_i$ 分别计算 M_K 值。

情况Ⅰ：$M_K = 195 \times (1.92 + 1.04) + 118 \times 0.81 = 672.78\,(\text{kN} \cdot \text{m})$

情况Ⅱ：$M_K = 195 \times 1.92 + 118 \times (1.69 + 0.81) = 669.4\,(\text{kN} \cdot \text{m})$

情况Ⅲ：$M_K = 195 \times 1.0 + 118 \times (1.92 + 1.04) = 554.28\,(\text{kN} \cdot \text{m})$

比较三个计算结果，可得 $M_{K\max} = 672.78$ kN·m。当 P_1 作用在 M_K 影响线顶点时的荷载分布图就是 M_K 的最不利荷载位置。

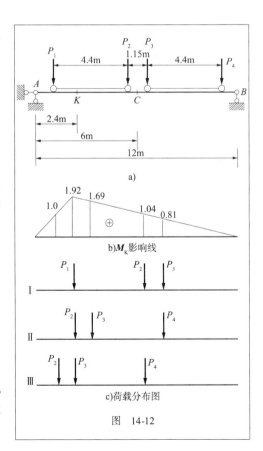

图 14-12

(2)集中荷载个数较多的行列荷载情况,可先确定临界荷载位置,再确定最不利荷载位置。这种方法通常分以下两步进行:

第一步:求出使 S 达到极值的荷载位置。这种荷载位置称为荷载的临界位置。

第二步:从荷载的临界位置中选出最不利荷载位置。即从 S 的极值中选出最大(最小)值。

如图 14-13 所示,设 S 的影响线为三角形。若要求 S 的极大值,则在临界位置必有一荷载 P_{cr} 正好在影响线的顶点上。以 $R_{左}$ 表示 P_{cr} 左方荷载的合力,以 $R_{右}$ 表示 P_{cr} 右方荷载的合力,则有临界荷载判别式:

$$\left.\begin{array}{l} \dfrac{R_{左}}{a} \leqslant \dfrac{P_{cr}+R_{右}}{b} \\ \dfrac{R_{左}+P_{cr}}{a} \geqslant \dfrac{R_{右}}{b} \end{array}\right\} \quad (14\text{-}3)$$

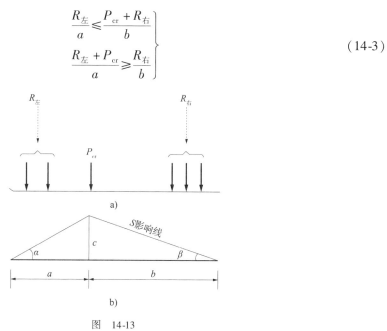

图 14-13

式(14-3)体现了临界位置的特点:有一集中荷载 P_{cr} 作用在影响线的顶点,将 P_{cr} 计入判别式的左边或右边时,都会使该边荷载的平均集度大于另一边。

需要注意的是,如果某量值 S 的影响线是直角三角形(或竖标有突变),则判别式(14-3)不再适用。此时的最不利荷载位置可参考例 14-3 或例 14-4 所述方法确定。

例 14-6 试求图 14-14a)所示简支吊车梁在起重机垂直荷载作用下支座 B 的最大反力。已知:$P_1=P_2=478.5\text{kN}$,$P_3=P_4=324.5\text{kN}$。

解:(1)作 R_B 影响线如图 14-14b)、c)所示。

(2)确定临界荷载 P_{cr}。P_1 和 P_4 对应的 R_B 影响线竖标数值较小或位于梁支座之外,不可能是产生 R_{Bmax} 的临界荷载。

用临界荷载判别式分别验算 P_2 和 P_3 位于 B 处的情况。

当 P_2 在 B 点左、右侧时,荷载分布图见图 14-14b),有:

$$\dfrac{478.5}{6} < \dfrac{478.5+324.5}{6}$$

$$\dfrac{2\times 478.5}{6} > \dfrac{324.5}{6}$$

符合判别式,故 P_2 是临界荷载之一。

此时　　　　$R_B = 478.5 \times (0.125 + 1) + 324.5 \times 0.758 = 784.3 (kN)$

当 P_3 在 B 点左、右侧时,荷载分布图见图 14-14c),有:

$$\frac{478.5}{6} < \frac{2 \times 324.5}{6}$$

$$\frac{478.5 + 324.5}{6} > \frac{324.5}{6}$$

符合判别式,故 P_3 也是一个临界荷载。

此时　　　　$R_B = 478.5 \times 0.758 + 324.5 \times (1 + 0.2) = 752.1 (kN)$

(3)比较两个结果可知,P_2 在 B 点时为最不利荷载位置。$R_{Bmax} = 784.3 kN$。

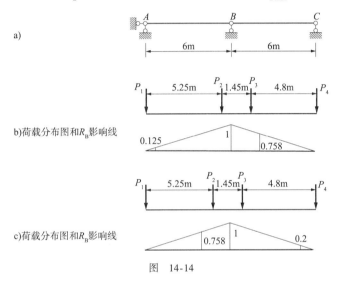

图 14-14

任务 15　绘制简支梁的内力包络图

课前学习任务

工程引导

地面轨道作纵向运动,起重小车沿桥架作横向运动。有起升、桥架行走、小车行走等三个工作机构。以人力或电力驱动。多用于厂房或车间内搬运货物。用于工厂、仓库、料场等不同场合吊运货物,禁止在易燃、易爆腐蚀性介质环境中使用。

44. 任务15
电子教案

问题思考

梁式起重机的桥架(图15-1)可以简化为哪一种单跨静定梁？

图 15-1

15.1 简支梁的内力包络图

在结构设计或验算中，必须求出在移动荷载作用下梁某一截面的内力最大值(或最小值)。用确定最不利荷载位置进而求某量值最大值的方法，可以求出简支梁任一截面的最大内力值。如果将梁上各截面的最大、最小内力纵坐标用同一比例尺画出，并分别连成曲线，这就是内力包络图。包络图表示各截面内力变化的极限值，为结构设计和配筋提供重要依据，在吊车梁、楼盖的连续梁和桥梁的设计与配筋设计中应用很多。下面介绍简支梁的内力包络图。

如图15-2a)所示，设单个集中荷载 P 沿简支梁轴线移动时，任一截面 C 的弯矩影响线如图15-2b)所示。由影响线形状可知，当移动荷载 P 位于 C 点 $(x=a)$ 时，M_C 为最大值。

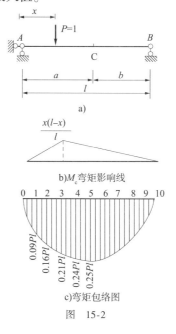

图 15-2

设截面 C 的位置是由 $A \to B$ 变动的,即代表简支梁上的所有截面,则每个截面弯矩的最大值表达式为:

$$M_{C\max} = \frac{ab}{l} = \frac{x(l-x)}{l} \tag{15-1}$$

上式所代表的函数曲线就是简支梁在单个集中荷载下的弯矩包络图。

绘制弯矩包络图时,将梁轴分为若干等份(如 8、10、12 等份),再利用影响线求出各等份截面的最大弯矩值。例如,在截面 2、4、5 处有:

截面 2: $a = 0.2l, b = 0.8l, M_{2\max} = 0.16Pl$
截面 4: $a = 0.4l, b = 0.6l, M_{4\max} = 0.24Pl$
截面 5: $a = 0.5l, b = 0.5l, M_{5\max} = 0.25Pl$

将各点的弯矩最大值竖距连成曲线,就得到了简支梁 AB 的弯矩包络图,如图 15-2c)所示。

下面讨论分析一组集中荷载作用的情形。

如图 15-3a)所示的吊车梁,跨度为 12m,承受起重机的移动荷载。两台起重机的最大轮压均为 280kN,轮距为 4.8m,起重机并行的最小间距为 1.44m。求作吊车梁的弯矩包络图和剪力包络图。

将吊车梁分为 10 等份,在起重机荷载作用下利用影响线逐个求出各截面的最大弯矩和最大(最小)剪力,就可以画出弯矩包络图[图 15-3h)]和剪力包络图[图 15-4h)]。

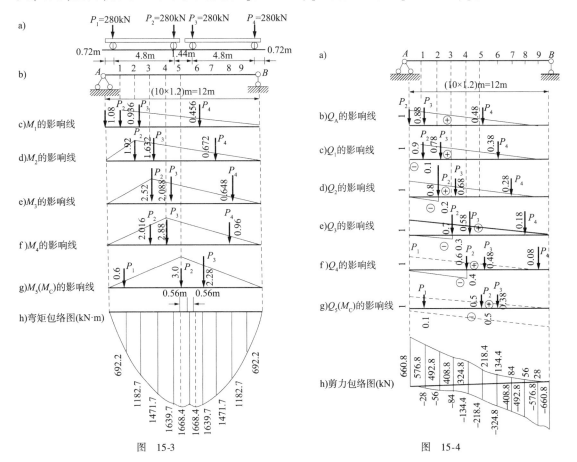

图 15-3　　　　　　　　　　图 15-4

在实际工作中,对于活载还须考虑其冲击力的影响(即动力影响),这通常是将静活载所产生的内力值乘以冲击系数 $1+\mu$ 来考虑的。冲击系数的确定详见《公路桥涵设计通用规范》(JTG D60—2015)。

设梁所承受的恒载为均布荷载 q,某一内力 S 的影响线的正、负面积及总面积分别为 ω_+、ω_- 及 $\sum\omega$,活载为车道荷载,均布荷载为 q_K,集中力为 P_K,则在恒载和活载共同作用下该内力的最大、最小值的计算公式为:

$$S_{\max} = q\sum\omega + (1+\mu)m_c(q_K\omega_+ + P_K y^+_{\max})$$

$$S_{\min} = q\sum\omega + (1+\mu)m_c(q_K\omega_- + P_K y^-_{\max})$$

15.2 简支梁的绝对最大弯矩

在简支梁的弯矩包络图中可以看到,各截面的所有最大弯矩中,必然有一个最大的。这个最大弯矩的弯矩值就称为简支梁的绝对最大弯矩。绝对最大弯矩一般出现在跨中附近。

下面以图 15-5 所示简支梁为例,介绍绝对最大弯矩的计算方法。设梁上受到一组移动集中荷载 P_1、P_2、$\cdots$、P_n 的作用,其大小和间距保持不变。求梁内所能出现的绝对最大弯矩。

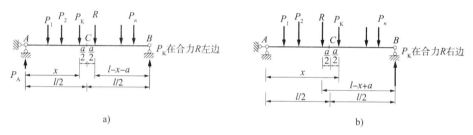

图 15-5

由于简支梁在若干集中荷载作用下,其弯矩图顶点总是发生在荷载作用点下面。因此,可以断定绝对最大弯矩也必定发生在某一集中荷载的作用点处。于是问题的求解可以分两步进行:(1)先分别研究每一荷载作用点处的弯矩何时为最大,并求出相应的数值。(2)比较这些弯矩值,其中最大者即为绝对最大弯矩。

试取一个集中荷载 P_K,研究其作用点处截面弯矩成为最大值的条件。在图 15-5a)中,x 表示 P_K 与 A 点的距离,a 表示梁上荷载的合力 R 与 P_K 之间的距离。设 P_K 在合力 R 的左边,由平衡条件,得:

$$\sum M_B = 0, \quad R_A = \frac{R}{l}(l-x-a)$$

P_K 作用点所在截面的弯矩为:

$$M_x = R_A x - M_K = \frac{R}{l}(l-x-a)x - M_K$$

式中,M_K 表示 P_K 左边的荷载对 P_K 作用点的力矩之和,是与 x 无关的常数。

为求 M_x 的极值,对上式求一阶导数,令:

$$\frac{dM_x}{dx} = 0$$

得：
$$\frac{R}{l}(l-2x-a)=0$$

即：
$$x=\frac{l}{2}-\frac{a}{2}$$

如果 P_K 在合力 R 的右边，同理可得到：
$$x=\frac{l}{2}+\frac{a}{2}$$

综合上述计算结果，可以得到 P_K 作用点所在截面弯矩成为最大值的条件是：
$$x=\frac{l}{2}\pm\frac{a}{2} \tag{15-2}$$

式(15-2)表明，当梁上所有荷载的合力 R 与 P_K 恰好位于梁的跨度中点 C 两侧对称位置时，P_K 所在截面的弯矩为最大值。将式(15-2)代入可得：
$$M_{max}=\frac{R}{l}\left(\frac{l}{2}\pm\frac{a}{2}\right)^2-M_K \tag{15-3}$$

应用式(15-2)、式(15-3)时，需要注意的是 R 为梁上所有荷载的合力。在安排 P_K 与 R 的位置时，有些荷载可能会离开或进入梁的跨度范围。这时应重新计算合力 R 的数值和位置。公式中的正负号选择由 P_K 与合力 R 的相对位置确定。当 P_K 在合力 R 的左边时取负号，当 P_K 在合力 R 的右边时取正号。

计算绝对最大弯矩的步骤如下：

(1)按最不利荷载位置的确定方法判定使梁跨度中点发生最大弯矩的临界荷载 P_K。

(2)移动荷载组，使 P_K 与梁上全部荷载的合力 R 对称于梁的中点。

(3)计算此时 P_K 所在截面的弯矩即为绝对最大弯矩。

按以上方法求出各个荷载作用点的最大弯矩后，选择其中最大的一个即绝对最大弯矩。在实际计算中，常常可以估算出哪个或哪几个荷载需要考虑。一般情况下，使梁跨中截面产生最大弯矩的临界荷载 P_K 也就是产生绝对最大弯矩的荷载。同时，实际计算还表明，简支梁跨中截面的最大弯矩比绝对最大弯矩仅稍小一些(5%以内)。为了简化计算，有时就以跨中截面的最大弯矩代替绝对最大弯矩作为设计依据。

例 15-1 试求图 15-6a)所示吊车梁的绝对最大弯矩。已知 $P_1=P_2=P_3=P_4=280kN$。

解：(1)求出使跨中截面 C 发生最大弯矩的临界荷载 P_K。

首先画出跨中 C 截面的弯矩影响线，见图 15-6b)。由图 15-6a)、b)可知，当 P_1 或 P_4 到达 C 点时显然不能得到截面 C 的弯矩最大值，只有当荷载 P_2 或 P_3 移动到跨中 C 点时，跨中截面的弯矩才有可能达到最大值。

当 P_2 移动到 C 点时，其荷载的分布如图 15-6a)所示。利用 M_C 影响线可以求得：
$$M_{Cmax}=280\times(0.6+3+2.28)=1646.4(kN\cdot m)$$

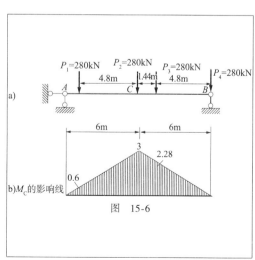

图 15-6

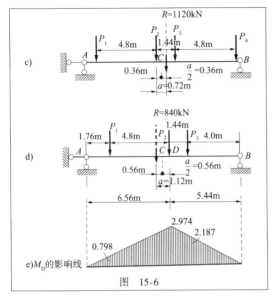

图 15-6

同理可以求得 P_3 在截面 C 时产生的最大弯矩值也是 1646.4kN·m。因此，P_2 和 P_3 就是产生绝对最大弯矩的临界荷载。

(2) 设 P_2 位于合力 R 左边时，求 P_2 作用点截面的最大弯矩。

首先求出合力 R 的大小和位置。设 P_2 位于截面 C 左边[图 15-6c)]，则有四个荷载全部作用在梁上，合力为：

$$R = 4 \times 280 = 1120(\text{kN})$$

合力 R 作用线在 P_2 与 P_3 的正中间，合力 R 与 P_2 的距离为：

$$a = \frac{1.44}{2} = 0.74(\text{m})$$

由式(15-3)(此时式 15-3 取负号)可得：

$$M_{\max} = \frac{R}{l}\left(\frac{l}{2} - \frac{a}{2}\right)^2 - M_K = \frac{1120}{12}\left(\frac{12}{2} - \frac{0.72}{2}\right)^2 - 280 \times 4.8 = 1624.9(\text{kN} \cdot \text{m})$$

因为此弯矩值 1624.9kN·m 小于 C 截面最大弯矩 1646.4kN·m，可知它不是绝对最大弯矩。

(3) 设 P_2 位于合力 R 右边时，求 P_2 作用点截面的最大弯矩。此时 P_4 已经移出梁外，梁上只有 P_1、P_2、P_3 三个荷载在影响线范围内，其合力：

$$R = 3 \times 280 = 840(\text{kN})$$

合力 R 与 P_2 的距离：

$$a = \frac{280 \times 4.8 - 280 \times 1.44}{3 \times 280} = 1.12(\text{m})$$

注意：令 a 在 C 点等分，P_2 距 C 点的距离为 $a/2 = 0.56$m。此时 P_4 距 C 点的距离为 $(0.56 + 1.44 + 4.8) = 6.8(\text{m}) > 6\text{m}$，故 P_4 可以确定已经移至梁外，证明以上假设是正确的。

由式(15-3)(此时式 15-3 取正号)求得：

$$M_{\max} = \frac{R}{l}\left(\frac{l}{2} + \frac{a}{2}\right)^2 - M_K = \frac{840}{12}\left(\frac{12}{2} + \frac{1.12}{2}\right)^2 - 280 \times 4.8 = 1668.4(\text{kN} \cdot \text{m})$$

由以上计算可知，P_2 位于截面 C 右边 0.56m 时，其所在截面的最大弯矩为 1668.4kN·m。

(4) P_3 作用点截面的最大弯矩同理求得，当 P_3 位于截面 C 左边 0.56m 时，其所在截面的最大弯矩为 1668.4kN·m。

因此，吊车梁的绝对最大弯矩为 1668.4kN·m。该值与跨中截面 C 的最大弯矩 1646.4kN·m 比较，仅大 1% 左右。

如果用影响线的竖标进行计算[图 15-6e)]，也会得到相同结果。

$$M_{\max} = 280 \times (0.798 + 2.974 + 2.187) = 1668.5(\text{kN} \cdot \text{m})$$

练习题

一、填空题

1. 影响线是指在_____荷载作用下表示结构某一量值_____的图形。
2. 影响线上任一点的横坐标代表_____位置,纵坐标代表_____。
3. 当规定移动荷载无量纲时,反力和剪力影响线竖标的量纲是_____;弯矩影响线竖标的量纲是_____。
4. 在结点荷载作用下,结构任何影响线在相邻两点之间为_____。
5. 我国《公路工程技术标准》(JTG B01—2014)中规定:汽车荷载的类型分为_____荷载和_____荷载。
6. 使某一量值发生最大或最小值的荷载位置称为_____荷载位置。
7. 题1-7图所示结构中支座B截面左侧剪力影响线形状为_____。
8. 题1-8图所示结构中支座A右侧截面剪力影响线形状为_____。

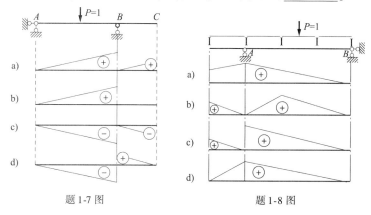

题1-7图　　　　　　　　　题1-8图

二、绘图题

1. 作题3-1图所示外伸梁中R_B、M_C、Q_C的影响线。

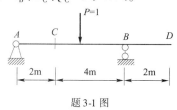

题3-1图

2. 作题3-2图所示简支梁中R_A、M_C、Q_C的影响线。
3. 作题3-3图所外伸梁中R_B、M_C、Q_C、M_B、$Q_{B左}$、$Q_{B右}$的影响线。

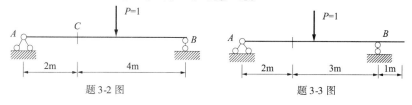

题3-2图　　　　　　　　　题3-3图

4. 作题 3-4 图所示悬臂梁 R_A、M_C、Q_C 的影响线。

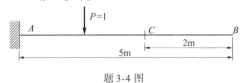

题 3-4 图

5. 作题 3-5 图所示结构中 N_{BC}、M_D 的影响线,$P=1$ 在 AE 上移动。

6. 作题 3-6 图所示外伸梁在结点荷载作用下的主梁 M_K、Q_K 影响线。

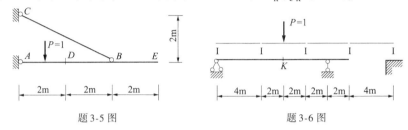

题 3-5 图　　　　　　　题 3-6 图

7. 作题 3-7 图所示主梁中 R_B、M_C、Q_C、M_D、$Q_{D左}$ 和 $Q_{D右}$ 的影响线。

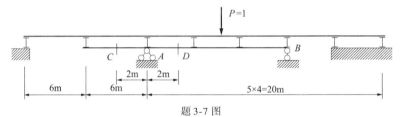

题 3-7 图

8. 作题 3-8 图所示主梁中 R_B、M_E、Q_E 的影响线。($P=1$ 在 CD 段上移动)

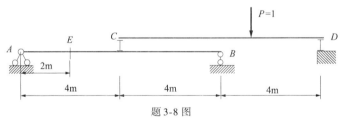

题 3-8 图

9. 作题 3-9 图所示静定多跨梁中 R_A、R_B、$Q_{E左}$、$Q_{E右}$ 的影响线。

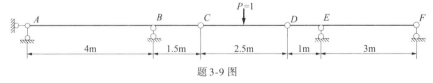

题 3-9 图

10. 用影响线求题 3-10 图所示外伸梁在固定荷载作用下的 R_B、M_E、Q_E 值。

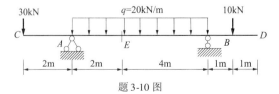

题 3-10 图

11. 判定题3-11图所示简支梁在公路—Ⅰ级车道荷载作用下的最不利荷载位置并求出 M_C 的最大值。

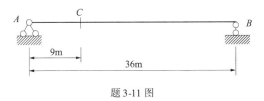

题3-11 图

12. 求题3-12图所示简支梁跨中截面的最大弯矩和绝对最大弯矩。

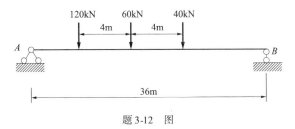

题3-12 图

45. 模块四
练习题答案

  实践能力训练任务

【任务描述】

分组完成桥梁结构移动荷载分析的工程实践报告一份。字数为不少于2000字。

【工程背景】

交通基础设施的主要功能是满足交通工具通行需求，交通车辆荷载是公路桥梁所承受的主要可变荷载，请通过研讨常见限重标志、查阅相关技术规范和分析桥梁移动荷载，完成一份桥梁结构移动荷载分析报告。

工程实践报告要求包含以下具体内容：

1. 研讨分析桥梁结构移动荷载的类型

研讨常见的限重禁令标志含义；分析桥梁结构所承担的移动荷载。

2. 查阅专业规范

查阅《公路桥涵设计通用规范》(JTG D60—2015)获取公路桥涵设计采用的作用分类；获取汽车荷载类别、种类及其使用范围。

3. 桥梁结构移动荷载分析

通过绘制示意图，总结分析一座跨径组合为 $3 \times 40 \mathrm{m}$、宽度为 $12 \mathrm{m}$ [$=2.5\mathrm{m}$(人行道) $+2 \times 3.5\mathrm{m}$(行车道) $+2.5\mathrm{m}$(人行道)]的公路桥梁的移动荷载。

模块五 MODULE FIVE
知识拓展与工程应用专题

学习目标

▶ **能力目标**
1. 会计算静定组合结构的内力;
2. 能够用机动法绘制连续梁的影响线;
3. 掌握核算超静定结构强度的方法;
4. 能查表确定有侧移排架的杆端内力;
5. 能绘制单层厂房的计算简图。

▶ **知识目标**
1. 能解释组合结构的受力特点和结构特点;
2. 能确定独立角位移和独立线位移;
3. 知道有侧移排架的杆端内力计算方法;
4. 会叙述支座移动和温度变化对结构的影响。

46.模块五素质目标

47.模块五思维导图

任务 16　组合结构的受力分析与位移计算

◀ 课前学习任务 ▶

工程引导

下撑式五角形屋架如图 16-1a)所示。其上弦为钢筋混凝土斜梁,竖杆和下弦可用型钢制成,屋架计算简图如图 16-1b)所示。

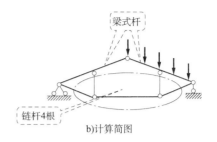

图 16-1

结构特点:从图中可以看出屋架结构是由两根梁式杆和四根链杆通过铰接组成。

受力特点:链杆是二力杆件。链杆是指两端铰接且其上无横向荷载作用的杆件,链杆中只有轴力作用。梁式杆也称为受弯杆件,梁式杆同时承受弯矩、剪力、轴力的作用。

组合结构——由桁架和梁或是由桁架和刚架共同组成的结构称为组合结构。

图 16-2a)为一悬吊式桥梁的计算简图,柔性悬索和吊杆为链杆,桥面加劲梁则具有相当的截面抗弯刚度;图 16-2b)所示为施工时采用的临时门架。它们都是组合结构。

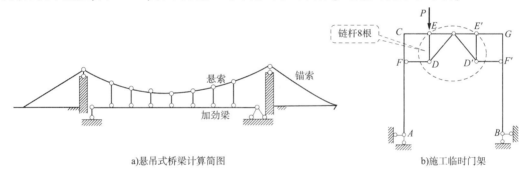

图 16-2

对于组合结构,由于在梁式杆上装置了若干根二力杆,就可以使得梁式杆的支点间距减小或产生负弯矩,使梁式杆的弯矩减小,改善受弯杆件的工作状态,从而达到节约材料及增加刚度的目的。梁式杆及二力杆可用不同的材料,如梁式杆用钢筋混凝土、二力杆用钢材制作。当跨度大时,加劲梁可改用加劲桁架。

问题思考

(1)写出组合结构与二力杆件的定义。

(2)画出简支梁和悬臂梁的计算简图。

16.1 组合结构的受力分析

组合结构是由承受弯矩、剪力及轴力的梁式杆和只承受轴力的链杆组成的结构,其计算方法与桁架、梁内力计算方法类似。

内力计算的一般步骤是:

①计算支座反力。先取整体为研究对象,再取部分为研究对象进行分析。

48. 任务 16
电子教案

②计算链杆轴力。按桁架计算方法采用结点法或截面法计算,并在链杆一侧标出轴力。

③计算梁式杆的内力。计算方法与静定梁的内力计算相似,并绘制弯矩图。

值得注意的是,用截面法计算组合结构时,应尽量避免截断受弯杆件。

例 16-1 试计算图 16-3a)所示的静定组合结构中二力杆的轴力并绘制梁式杆的弯矩图。

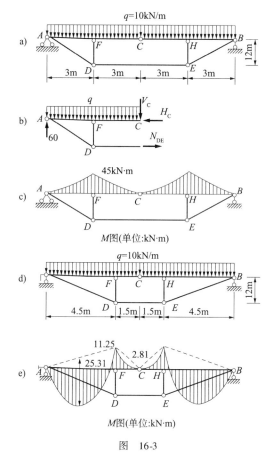

图 16-3

解:(1)求支座反力。

$$H_A = 0, V_A = V_B = 60 \text{kN}(\uparrow)$$

(2)计算二力杆的轴力。

因为 $H_A = 0$,可以利用结构及受力情况的对称性质,只计算左半结构的内力。取 I-I 截面以左部分为隔离体,如图 16-3b)所示,以铰 C 为矩心列力矩平衡方程,得:

$$\sum M_C = 0, N_{DE} \times 1.2 - 60 \times 6 + 10 \times 6 \times 3 = 0$$
$$N_{DE} = 150 \text{kN}(拉力)$$

以结点 D 为隔离体,利用结构的几何关系,列平衡方程可得:

$$H_{AD} = 150\text{kN}(拉力), N_{FD} = -60\text{kN}(压力)$$

$$N_{AD} = \frac{\sqrt{3^2 + 1.2^2}}{3}, H_{AD} = 161.55\text{kN}(拉力)$$

由对称性可知:

$$N_{HE} = N_{FD} = -60\text{kN}(压力)$$

$$N_{EB} = N_{AD} = 161.55\text{kN}(拉力)$$

(3) 绘制梁式杆的弯矩图。

将二力杆的轴力 N_{AD}、N_{FD}、N_{HE}、N_{EB} 作用于梁式杆上,并绘出 M 图[图 16-3c)]。

从弯矩图看出此例的梁式杆只承受负弯矩且沿杆长分布不均匀。

如果将二力杆 FD、HE 的位置移动到图 16-3d)所示位置,弯矩图即变成图 16-3e)中的形状,梁式杆上的弯矩分布就比较均匀。

16.2 组合结构的位移计算

组合结构主要是由链杆(二力杆)和梁式杆组成,其位移计算公式即梁和桁架的位移计算公式。

$$\Delta_K = \sum \int \frac{M_P \overline{M}}{EI} dx + \sum \int \frac{N_P \overline{N}}{EA} dx = \sum \frac{\omega \cdot y_C}{EI} + \sum \frac{N_P \overline{N}}{EA} l \tag{16-1}$$

例 16-2 求图 16-4a)所示组合结构 D 端的竖向位移和铰 C 处两侧截面的相对转角 θ_C。已知 $E = 2.1 \times 10^4 \text{kN/cm}^2$;$I = 3200\text{cm}^4$;$BE$ 杆的面积 $A = 16\text{cm}^2$。

解:此结构是由二力杆 BE 和梁式杆 AB、CD 组成的一个组合结构。

(1) 画出实际荷载下的弯矩图并求出 BE 杆轴力 $N_{BE} = 60\text{kN}$,如图 16-4b)所示。在 D 点加单位集中力,画出单位弯矩图和计算 BE 杆由单位力引起的轴力,如图 16-4c)所示。

在 C 点加一对单位力偶,画出单位弯矩图和计算 BE 杆单位力引起的轴力,如图 16-4d)所示。

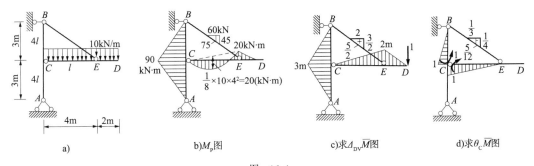

图 16-4

(2) 求 D 点竖向位移 Δ_{DV}。

$$\Delta_{DV} = \frac{1}{EI}\left(\frac{1}{3} \times 20 \times 2 \times \frac{3}{4} \times 2 + \frac{1}{2} \times 20 \times 4 \times \frac{2}{3} \times 2 - \frac{2}{3} \times 20 \times 4 \times \frac{1}{2}\right) +$$

$$\frac{1}{EI}\left(\frac{1}{4} \times 2 \times \frac{1}{2} \times 90 \times 3 \times \frac{2}{3} \times 3\right) + \frac{1}{EA} \times 75 \times \frac{5}{12} \times 5$$

$$= \frac{155}{EI} + \frac{937.5}{EA} = 0.0259(\text{m})(\downarrow)$$

(3) 求相对转角 θ_C。

$$\theta_C = \frac{1}{EI}\left(-\frac{1}{2} \times 20 \times 4 \times \frac{1}{3} + \frac{2}{3} \times 20 \times 4 \times \frac{1}{2} + \frac{1}{4} \times \frac{1}{2} \times 90 \times 3 \times \frac{2}{3}\right) + \frac{1}{EA} \times 75 \times \frac{5}{12} \times 5$$

$$= \frac{35.85}{EI} + \frac{156.25}{EA} = 0.0058(\text{rad})$$

结果为正说明位移方向与虚设单位力和单位力偶方向相同。

任务 17 支座移动和温度变化时静定结构的位移计算

课前学习任务

工程引导

基础沉降是桥梁损坏的重要原因之一。桥梁基础沉降会对桥梁结构产生很大的影响，短时间内不是很明显，但经过一定的过程后会在上部结构中产生较大附加弯矩和附加应力，从而影响桥梁的正常使用，严重时发生垮塌。

高层建筑中暴露的屋面结构随季节日照的影响，热胀冷缩变化较大，而下部楼面结构的温度变化较小，由于上下层水平构件的伸缩不等，就会引起墙体的剪切变形和剪切裂缝。

问题思考

(1) 基础不均匀沉降对桥梁结构有什么影响？

(2) 高层建筑中哪种温度的变化可引起柱弯曲变形？

17.1 支座移动时静定结构的位移计算

对于静定结构，若支座发生了移动（线位移、角位移），此时结构并不产生内力，在无其他外因影响时，结构材料也不发生变形。因此，静定结构因支座移动所产生的位移纯属刚体位移，由几何关系通常不难求得，但这里仍用虚功原理来解决这类问题。

设图 17-1a) 所示静定刚架，其支座发生了水平位移 c_1、竖向沉陷 c_2 和转角 c_3，现欲求任一点沿任一方向的位移，例如 K 点的竖向位移 Δ_{KC}。这里 Δ 的第二个脚标表示位移由支座移动 "c" 所引起。实际状态和虚拟状态分别如图 17-1a)、b) 所示。

根据虚功原理计算位移，首先需确定位移状态和力状态。图 17-1a) 为位移状态（也是实际状态）。在 K 点处沿所求位移方向虚设一单位力 1，得到力状态（也是虚拟状态）。

由于静定结构在支座移动时，不产生任何内力和变形，所以内力虚功 $W_内 = 0$。

49. 任务 17
电子教案

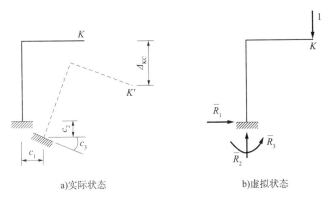

a)实际状态   b)虚拟状态

图 17-1 支座移动引起的位移

现求外力虚功,图 17-1b)中由于单位集中力 1 的作用,支座 A 处有与实际位移 c_1、c_2、c_3 相对应的水平反力 $\overline{R}_1$、竖向反力 $\overline{R}_2$ 和反力偶 $\overline{R}_3$,则外力虚功一般可写为:

$$W_{外} = 1 \cdot \Delta_{KC} + \overline{R}_1 \cdot C_1 + \overline{R}_2 \cdot C_2 + \overline{R}_3 \cdot C_3 = \Delta_{KC} + \sum \overline{R} \cdot C$$

根据虚功原理, $W_{外} = W_{内}$,则:

$$\Delta_{KC} + \sum \overline{R} \cdot C = 0$$

$$\Delta_{KC} = -\sum \overline{R} C \tag{17-1}$$

上式即静定结构支座移动时的位移公式。式中,$\sum \overline{R} C$ 为反力虚功,当 $\overline{R}$ 与 C 方向一致时取正号,相反时取负号。此外,上式中右边负号为原来移项时所得,不可漏掉。

例 17-1 在图 17-2a)所示刚架中,支座 B 处有竖向沉陷 b,试求 D 点的水平位移 Δ_{DH}。

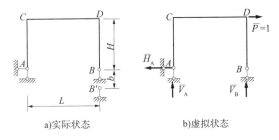

a)实际状态   b)虚拟状态

图 17-2

解:在 D 点沿水平方向加单位力 $\overline{P} = 1$,得虚拟状态如图 17-2b)所示,计算虚拟状态下各支座反力得:

$$\overline{V}_A = \frac{H}{L}(\downarrow), \overline{V}_B = \frac{H}{L}(\uparrow), \overline{H}_A = 1(\leftarrow)$$

由公式(17-1),得:

$$\Delta_{DH} = -\sum \overline{R} C = -(-\overline{V}_B \cdot b) = -\left(-\frac{H}{L} \cdot b\right) = \frac{Hb}{L}(\rightarrow)$$

应注意:因为实际状态下支座 A 无任何位移发生,故相应虚拟状态下支座 A 处的反力所做虚功为零。

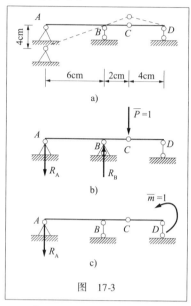

图 17-3

例 17-2 如图 17-3a)为一静定多跨梁,支座 A 竖向沉陷 4cm。求:(1) C 点的竖向位移 Δ_C;(2)杆 CD 的转角 β。

解:(1)在 C 处沿竖向虚设一单位力 $\overline{P} = 1$,如图 17-3b)所示。由于 B 支座无位移,只需计算 A 处的支座反力,$R_A = \frac{1}{3}(\downarrow)$。

所以 $\Delta_C = -\frac{1}{3} \times 4 = -1.33 (\text{cm})(\uparrow)$

负号表示 C 处的位移方向与虚设单位力的方向相反。

(2)在 D 处加一单位力偶 $\overline{m} = 1$,如图 17-3c)所示。

$$R_A = \frac{1}{12}(\downarrow)$$

所以 $\beta = -\frac{1}{12} \times 4 = -0.33 (\text{rad})$

负号表示 CD 的转向与虚设单位力偶的转向相反。

例 17-3 图 17-4a)所示三铰刚架右边支座的竖向位移为 $\Delta_{By} = 0.06\text{m}(\downarrow)$,水平位移为 $\Delta_{Bx} = 0.04(\rightarrow)$,已知 $l = 12\text{m}, h = 8\text{m}$,试求由此引起的 A 端转角 φ_A。

解:(1)计算虚拟状态下的支座反力,如图 17-4b)所示,考虑刚架的整体平衡,由 $\sum m_A = 0$,可求得 $\overline{V}_B = \frac{1}{l}(\uparrow)$;再考虑右半刚架的平衡,由 $\sum m_C = 0$,可求得 $\overline{H}_B = \frac{1}{2h}(\leftarrow)$。

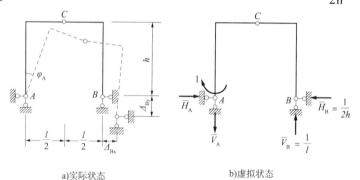

a)实际状态   b)虚拟状态

图 17-4

(2)计算 φ_A。

$$\varphi_A = -\sum \overline{R} C = -\left(-\frac{1}{l} \cdot \Delta_{By} - \frac{1}{2h} \cdot \Delta_{Bx}\right)$$

$$= -\left(-\frac{1}{12} \times 0.06 - \frac{1}{2 \times 8} \times 0.04\right) = 0.0075(\text{rad})(顺时针转向)$$

例 17-4 图 17-5a)所示桁架的支座 B 向下移动 C,试求 BD 杆件的角位移 φ_{CD}。

解:在 BD 杆上加一单位力偶虚拟状态 $\overline{m} = 1$,求虚拟状态下各支座反力的大小及分析,如

图 17-5b)所示。

$$\varphi_{CD} = -\sum \overline{R}C = -\left(-\frac{1}{4a} \times c\right) = \frac{c}{4a}(\text{顺时针转向})$$

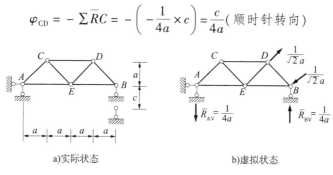

a)实际状态   b)虚拟状态

图 17-5

17.2 温度变化时静定结构的位移计算

对于静定结构,温度改变时并不引起内力,但由于材料发生热胀冷缩,会使结构产生变形和位移。

如图 17-6a)所示的刚架结构,设杆件外侧温度升高 t_1℃,内侧温度升高 t_2℃,且温度沿杆件截面高度 h 按直线规律变化,如图 17-6b)所示。杆件在温度变化后的变形如图 17-6a)虚线所示,求刚架中任一点 K 的位移 Δ_K。

(1)外力虚功分析。图 17-6a)为位移状态(实际状态),在 K 点处沿所求位移方向虚设单位集中力 $\overline{P}=1$ 得到力状态(即虚拟状态),如图 17-6c)所示,则外力虚功为:

$$W_{\text{外}} = \overline{P} \cdot \Delta_K = 1 \cdot \Delta_K = \Delta_K$$

(2)内力虚功分析。在力状态(虚拟状态)中任一微段 dx 的内力图如图 17-6d)所示,在实际的位移状态中同一微段 dx 的变形如图 17-6b)所示。在温度变化时,杆件不引起剪应变,而会引起轴向变形 $d\lambda$ 和左右两截面的相对转角 $d\theta$。

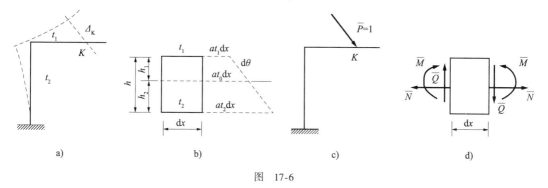

图 17-6

$$d\lambda = \alpha t_1 dx + (\alpha t_2 dx - \alpha t_1 dx)\frac{h_1}{h} = \alpha \frac{t_1 h_2 + t_2 h_1}{h} = \alpha t\, dx$$

$$d\theta = \frac{\alpha(t_2 - t_1)}{h}dx = \frac{\alpha \Delta t}{h}dx$$

式中:h——截面高度;

$h_1 \backslash h_2$——截面形心轴到上、下边缘的距离;

Δt——结构内侧与外侧的温度差,$\Delta t = t_2 - t_1$;

α——材料的膨胀系数。

所以内力虚功为:

$$W_{内} = \sum \int \overline{M} d\theta + \sum \int \overline{N} d\lambda = \sum \int \overline{M} \frac{\alpha \Delta t}{h} dx + \sum \int \overline{N} \alpha t_0 dx$$

如果各杆沿全长的温度变化相同,且截面高度不变,则有:

$$W_{内} = \sum \frac{\alpha \Delta t}{h} \int \overline{M} dx + \sum \alpha t_0 \int \overline{N} dx = \sum \frac{\alpha \Delta t}{h} \omega_{\overline{M}} + \sum \alpha t_0 \omega_{\overline{N}}$$

式中:$\omega_{\overline{M}}$——虚拟状态单位荷载弯矩图 $\overline{M}$ 图的面积,$\omega_{\overline{M}} = \sum \overline{M} dx$;

t_0——截面形心轴处的温度,$t_0 = \frac{t_1 h_2 + t_2 h_1}{h}$,当截面上下对称时,$t_0 = \frac{t_1 + t_2}{2}$;

$\omega_{\overline{N}}$——虚拟状态单位荷载轴力图 $\overline{N}$ 图的面积,$\omega_{\overline{N}} = \sum \overline{N} dx$。

根据虚功原理 $W_{外} = W_{内}$,则有:

$$\Delta_K = \sum \frac{\alpha \Delta t}{h} \omega_{\overline{M}} + \sum \alpha t_0 \omega_{\overline{N}} \tag{17-2}$$

正负号的选取:实际状态和虚拟状态结构的弯曲方向相同时,$\sum \frac{\alpha \Delta t}{h} \omega_{\overline{M}}$ 取正号,反之为负。虚拟状态下轴力为正时,$\sum \alpha t_0 \omega_{\overline{N}}$ 取正号,反之取负号。

例 17-5 图 17-7a)所示刚架施工时温度为 20℃,求夏季当外侧温度变化为 30℃,内侧温度 20℃ 时 A 点的水平位移 Δ_{AH} 和转角 φ_A。已知 $l = 4\text{m}, \alpha = 10^{-5}$,各杆均为矩形截面,高度 $h = 0.4\text{m}$。

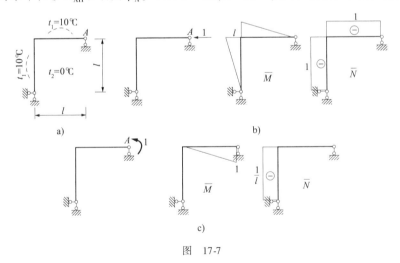

图 17-7

解:刚架的外侧温度变化为 $t_1 = 30 - 20 = 10(℃)$,内侧温度变化为 $t_2 = 20 - 20 = 0(℃)$,故有:

$$\Delta t = t_2 - t_1 = 10℃$$

$$t_0 = \frac{t_1 + t_2}{2} = \frac{10 + 0}{2} = 5(℃)$$

温度变化引起的杆件弯曲如图17-7a)中虚线所示。

(1) 计算 A 点的水平位移 Δ_{AH}。

在 A 点加一水平单位力 $\overline{P}=1$，并绘制 $\overline{M}$、$\overline{N}$ 图，如图17-7b)所示。由式(17-2)，注意正负号的确定，可得：

$$\Delta_{AH} = \frac{\alpha \Delta t}{h}\left(\frac{1}{2}l^2 + \frac{1}{2}l^2\right) + \alpha t_0(-1 \cdot l - 1 \cdot l) = \frac{10^{-5} \times 10}{0.4} \times 4^2 - 10^{-5} \times 5 \times 2 \times 4$$
$$= 3.6 \times 10^{-3} = 3.6(\text{mm})(\leftarrow)$$

(2) 计算转角 φ_A。

在 A 处加一单位力偶 $\overline{m}=1$，并绘制 $\overline{M}$、$\overline{N}$ 图，如图17-7c)所示。注意确定正负号。则有：

$$\varphi_A = -\frac{\alpha \Delta t}{h}\left(\frac{1}{2}l\right) + \alpha t_0\left(-\frac{1}{l} \cdot l\right) = -\frac{10^{-5} \times 10}{0.4} \times \frac{1}{2} \times 4 - 10^{-5} \times 5$$
$$= -5.5 \times 10^{-4}(\text{rad})(\text{顺时针转向})$$

17.3 由制造误差引起的位移计算

在工程实践中，有时结构的某些杆件由于制作的误差或使用的要求，其长度可能比应有的长度有所伸长或缩短，即结构中某些杆件具有初应变，致使结构产生变形或位移。如图17-8a)所示的桁架，杆件 AD 和 CD 的长度由于某种原因(如制造上的误差)比应有的长度分别伸长了2cm和缩短了0.5cm，导致桁架各个部分的位置发生改变。

现在计算结点 C 的竖向位移 Δ_{CV}。显然，根据各杆的几何关系，利用作图的方法即可进行计算，但比较繁杂；而应用单位荷载法则简便得多。取结构的实际状态[图17-8a)]作为位移状态，取结构的初应变作为虚位移，在需计算位移的 C 点处沿所求位移方向加单位力 $\overline{P}=1$ 作为虚拟状态，如图17-8b)所示。设虚拟状态中各杆内力为 $\overline{N}$，根据虚功原理，并注意到 $\overline{M}=0$、$\overline{Q}=0$、$\overline{P}=1$ 以及初应变情况下并无支座位移，故得：

$$\Delta_{CV} = \sum \int \overline{N} d\lambda$$

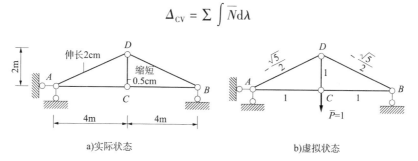

a) 实际状态　　　　　　　　　　　b) 虚拟状态

图 17-8　制造误差所引起的位移

对于桁架来说，在单位荷载 $\overline{P}=1$ 作用下，各杆内力为常量，故有：

$$\Delta_{CV} = \sum \int \overline{N} d\lambda = \sum \overline{N} \int d\lambda = \sum \overline{N} \lambda \tag{17-3}$$

这就是计算桁架由于某些杆件的初应变 λ(取伸长为正，缩短为负)所引起的位移的一般公式。其中 $\sum$ 表示对所有杆件所具有的初应变的各杆求和。

此例中由单位荷载 $\overline{P}=1$ 所引起的各杆轴力可用结点法或截面法求得,在图 17-8b)中分别写在各杆侧面。已知 AD 和 CD 两杆伸长量分别为 $\lambda_{AD}=2\mathrm{cm}$、$\lambda_{CD}=-0.5\mathrm{cm}$,其余各杆初应变为零,则 C 点的竖向位移:

$$\Delta_{CV} = \sum \overline{N}\lambda = -\frac{\sqrt{5}}{2}\times 2 + 1\times(-0.5) = -2.74(\mathrm{cm})(\uparrow)$$

计算结果为负,说明实际位移方向与假设的单位荷载方向相反,即方向向上。

例 17-6 图 17-9a)所示桁架,下弦杆 AE、BE 的长度由于某种原因(如制作误差)比应有的长度各伸长了 $\lambda_{AE}=\lambda_{BE}=1\mathrm{cm}$,桁架变形后的位置如图中虚线所示。试求因部分杆件制作误差而引起的 E 点的位移。

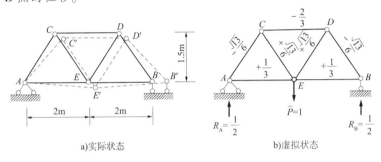

图 17-9

解:(1) 在 E 点加单位荷载 $\overline{P}=1$,得虚拟状态[图 17-9b)]。
(2) 利用结点法或截面法计算虚拟状态下的各杆轴力,标注在图 17-9b)各杆侧面。
(3) 计算 Δ_{EV}。

$$\Delta_{EV} = \sum \overline{N}\lambda = \frac{1}{3}\times 1 + \frac{1}{3}\times 1 = 0.67(\mathrm{cm})(\downarrow)$$

任务18　机动法绘制静定梁的影响线

课前学习任务

工程引导

在工程中,影响线描绘了沿着结构移动的单位荷载引起的梁上特定点处反力、内力、位移的变化规律。影响线在设计桥梁、起重机轨道、输送带、地板梁时是十分重要的。

柱式桥墩是桥梁中广泛采用的桥墩形式之一,一般由基础之上的承台,桩柱式墩身和盖梁组成。盖梁是桥梁上部结构的传力构件,承担的恒载主要是盖梁自重,上部结构自重及铺装等。盖梁的活载主要有车辆行驶荷载和人群荷载,活载通过支座传到盖梁上。必须确定汽车荷载沿桥梁横向的最不利布置。盖梁设计时,首先根据所计算盖梁处上部结构支座反力影响线确定汽车荷载的最大支座反力;再根据盖梁内力影响线确定汽车荷载最不利横向布置情况。

问题思考

(1)请绘制下图中简支梁在直接荷载作用下的影响线。

(2)请根据影响线写出 P 力作用在 C 点时下列量值的数值。

$R_A = \qquad ; Q_D = \qquad ; M_C = $

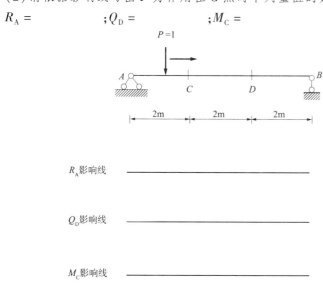

18.1 绘制静定单跨梁的影响线

作静定结构的影响线可以采用静力法,也可以采用机动法。机动法作影响线的理论依据是理论力学中的虚位移原理,即刚体体系在力系作用下处于平衡的必要和充分条件是:在任何微小的位移中,力系所作的虚功总和为零。机动法以虚位移原理为理论基础,将求支座反力和内力影响线的静力问题转化为作位移图的几何问题。

机动法最大的优点在于不必经过具体计算就能快速画出影响线的轮廓,在设计工作中处理某些问题时就特别简便。机动法也便于对静力法所作影响线进行校核。

现以简支梁为例说明机动法作反力、内力影响线的原理和步骤。

18.1.1 反力影响线

作图 18-1a)所示简支梁支座反力 R_A 的影响线。

首先,解除反力 R_A 处相应的约束(即 A 处的支座链杆)。同时在 A 点加一正向的反力 R_A,使原梁保持平衡。这样原梁成为具有一个自由度的几何可变体系,如图 18-1b)所示。

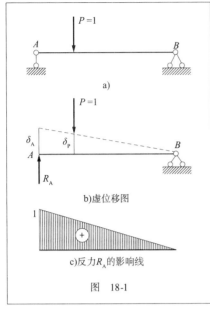

图 18-1

然后,使体系发生任一微小的虚位移——AB 绕铰 B 转动一微小角度,得到如图 18-1b)所示的虚位移图。以 δ_A 和 δ_P 分别表示力 R_A 和 P 的作用点沿力作用方向上的虚位移。

由于体系在力 R_A、P 和 R_B 的共同作用下处于平衡,根据虚位移原理,各力所作虚功的总和应等于零,虚功方程为:

$$R_A \delta_A + P \delta_P = 0$$

由于 $P = 1$,得:

$$R_A = -\frac{\delta_P}{\delta_A}$$

式中,δ_A 为未知力 R_A 的作用点沿其方向的虚位移,它是给定的虚位移,即为一个常数;δ_P 为荷载 $P = 1$ 的作用点沿其方向的位移,由于 $P = 1$ 是移动的,因而 δ_P 即为荷载沿其方向移动的各点的竖向虚位移图。

由于虚位移是任意的,可令 $\delta_A = 1$,则上式变为:

$$R_A = -\delta_P$$

由此可见,荷载作用点的虚位移图就代表了 R_A 的影响线,只是符号相反。由于 δ_P 是以与力 P 方向相同时为正,即 δ_P 图以向下为正,R_A 与 $-\delta_P$ 反号,故 R_A 的影响线竖距应以向上为正。

综上所述,欲作某一量值 S 的影响线,只需将与量值 S 相应的约束去掉,并使得体系沿 S 的正方向发生单位位移,由此得到的荷载作用点的竖向位移图即代表 S 的影响线。这种作影响线的方法称为机动法。

用机动法作静定梁某量值 S 的影响线的步骤如下:
(1)在原结构上解除与所求量值 S 相应的约束,代之以正向约束力。
(2)使所得结构体系沿所求约束力的正方向发生相应的虚位移 δ,形成虚位移图。
(3)令虚位移 $\delta = 1$,确定影响线上控制点竖距的数值。
(4)基线以上的影响线竖距取正号,基线以下的竖距取负号。

据此可作出反力 R_A 的影响线,见图 18-1c)。

18.1.2 内力影响线

下面以例题分析来介绍机动法作内力影响线的步骤。

例 18-1 用机动法作图 18-2a)所示简支梁的弯矩 M_C 和剪力 Q_C 的影响线。

解:(1)作弯矩 M_C 影响线。

①解除与 M_C 相应的转动约束。在梁的截面 C 处加一个铰改为铰接,并在铰的两侧加一对等值反向的力偶 M_C,使梁仍处于平衡状态。这时,铰 C 两侧的刚体可以相对转动。

②给体系一个虚位移,使 AC、BC 两部分沿 M_C 的正方向发生相应的虚位移,如图 18-2b)所示。此时,与 M_C 相应的虚位移 δ 就是铰 C 两侧截面的相对转角,令 $\delta = 1$。需要注意的是,

$\delta = 1$ 是一个微小位移的单位位移,不能理解为 1rad。

③确定 M_C 影响线顶点竖标。在 $\triangle AA_1C_1$ 中,$AA_1 = \delta \cdot AC_1 = 1 \cdot AC = a$,因 $\triangle BCC_1$ 与 $\triangle BAA_1$ 相似,可得 $CC_1 = ab/l$。

由此,可作出 M_C 的影响线如图 18-2c)所示。因为竖向位移在基线上方,所以 M_C 的影响线为正。

(2)作剪力 Q_C 影响线。

①解除与剪力 Q_C 相应的约束。将截面 C 截开,加一定向约束,在定向约束两侧加一对剪力 Q_C,得到图 18-2d)所示的结构。此时在截面 C 左右两边只能发生相对竖向位移,但不能发生转动和相对水平移动。

②给体系一个虚位移 δ。C 截面切口两边的梁在发生竖向位移后保持平行,使切口沿 Q_C 正方向发生相对竖向位移 δ。令 $\delta = 1$。

③确定剪力 Q_C 影响线顶点竖标。

由相似三角形的几何关系,计算出各控制点的数值得到剪力 Q_C 影响线,如图 18-2e)所示。

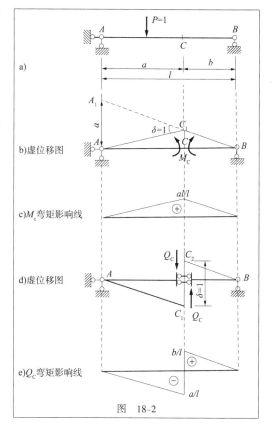

图 18-2

18.2 绘制多跨静定梁的影响线

多跨静定梁包含基本部分和附属部分,用机动法作它的各项影响线也很方便,前述作图步骤仍可适用。只需注意以下特点:(1)在解除所求反力或内力相应的约束后,若在基本部分形成结构,则除基本部分引起虚位移外,还将影响它的附属部分;若在附属部分形成结构,则虚位移图仅涉及附属部分。(2)解除所求反力或内力相应的约束后,使所得体系沿量值 S 的正方向发生单位位移,此时根据每一刚片的虚位移图(应为一段直线),以及在每一竖向支座处竖向位移(应为零),便可迅速画出各部分的虚位移图。

下面以例题分析来说明机动法绘制静定多跨梁的影响线。

例 18-2 用机动法作图 18-3a)所示静定多跨梁的 M_K、Q_K、M_B、$Q_{B左}$、$Q_{B右}$ 的影响线。

解:(1)作 M_K 的影响线。

将 K 处改为铰,代以 M_K。给定虚位移,FCD 有两根支座链杆,不能转动,KA 绕 A 转动,KB 绕 B 转动,EF 绕 F 转动。令 $\angle BK'B' = \delta = 1$,则 $BB' = 2$m。其余控制点竖标值可以由三角形比例关系确定。M_K 影响线见图 18-3b)。

(2)作 Q_K 的影响线。

将 K 处改为定向约束,AK 绕 A 转动至 AK',KB 绕 B 转动至 $K''B$,使 $AK'//K''B$。令 $K'K'' = 1$,则 $KK' = 2/3$,$KK'' = 1/3$。Q_K 的影响线见图 18-3c)。

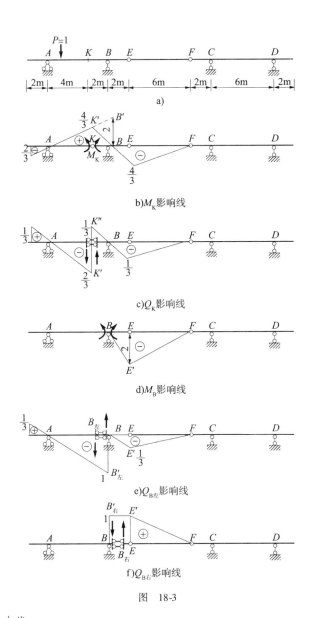

图 18-3

(3) 作 M_B 的影响线。

将 B 处改为铰,代以正向弯矩 M_B。给定虚位移,AB、CD 不能转动,EB 绕 B 转动,EF 绕 F 转动。令 $\angle EBE'=1$,则 $EE'=2\mathrm{m}$。其余控制点竖标值可以由三角形比例关系确定。M_B 影响线见图 18-3d)。

(4) 作 $Q_{B左}$ 的影响线。

将 B 处左侧改为定向约束,B 处有支座链杆,不能上下移动,令 $AB_左$ 绕 A 转动到 $AB'_左$,使 $B_左 B'_左=1$,EB 绕 B 转动到 EB',使 $EB'//AB'_左$。$Q_{B左}$ 的影响线见图 18-3e)。

(5) 作 $Q_{B右}$ 的影响线。

将 B 处右侧改为定向约束,AB 不能转动,$B_右$ 截面与 B 截面不能相对转动,故 $EB_右$ 只能向上平移到 $E'B'_右$,令 $BB'_右=1$,得 $Q_{B右}$ 的影响线见图 18-3f)。

任务19　超静定结构的强度与位移计算

课前学习任务

工程引导

如图 19-1 所示,人们在放置长块石料时,需要在石料下方垫上圆木。最初使用两根圆木,垫的方式如图 19-1a) 所示,但这样垫圆木常使石料断裂。后来,人们将垫圆木的方式改为如图 19-1b) 所示,这样之后情况有所改善,但有时石料依然断裂。于是又有人建议,如图 19-1c) 所示那样垫上三根圆木。

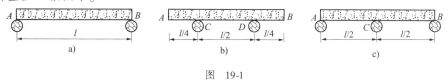

图　19-1

问题思考

(1) 在图 19-1b) 所示情况下,石料一般会在什么截面断裂?裂纹最先在该截面的什么位置出现?

(2) 按照图 19-1c) 方法,能否比图 19-1b) 情况更得到改善?如果能改善,改善的程度有多大?图 19-1c) 中的石料一般会在什么截面断裂?裂纹最先在该截面的什么位置出现?

(3) 能否设计一种更佳的方案,只是垫上两根圆木,通过调整所垫圆木的位置,比图 19-1c) 所示情况更加安全?

19.1　超静定结构的强度计算

超静定结构的强度条件与静定结构相同。计算时首先用力法求出多余未知力,并得到最大弯矩 M_{max},再利用弯曲强度条件 $\sigma_{max} = \dfrac{M_{max}}{W_z} \leq [\sigma]$ 进行计算即可。

下面以长块石料下方垫上三根圆木为例,讨论超静定结构的强度计算方法。

如图 19-2 所示的长块石料下方垫上三根圆木后为两跨超静定梁,属于一次超静定问题。可采用力法计算多余约束的支座反力。

计算过程如下:

① 选取基本结构见图 19-2a)。解除 C 点支座链杆,加单位集中力 X_1,为一次超静定结构。

② 列力法典型方程。

$$\delta_{11} X_1 + \Delta_{1P} = 0$$

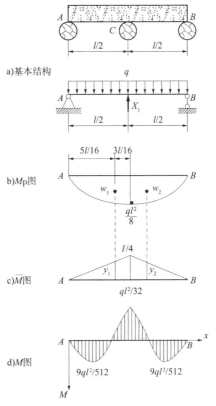

图 19-2

③画荷载弯矩图和单位弯矩图,设 $X_1=1$,见图 19-2b)、c)。

④计算系数和自由项。

$$\delta_{11} = \frac{2}{EI}\left(\frac{1}{2} \times \frac{l}{2} \times \frac{l}{4} \times \frac{2}{3} \times \frac{l}{4}\right) = \frac{l^3}{48EI}$$

$$\omega_1 = \frac{2}{3} \times \frac{l}{2} \times \frac{ql^2}{8} = \frac{ql^3}{24}$$

$$y_1 = \frac{5}{16} \times \frac{l}{4} \times 2 = \frac{5l}{32}$$

$$\Delta_{1P} = -\frac{2}{EI}\omega_1 \cdot y_1 = -\frac{2}{EI}\left(\frac{ql^3}{24} \times \frac{5l}{32}\right) = -\frac{5ql^4}{12 \times 32EI}$$

$$X_1 = -\frac{\Delta_{1P}}{\delta_{11}} = -\frac{-\frac{5ql^4}{12 \times 32EI}}{\frac{l^3}{48EI}} = \frac{5l^2}{8}(\uparrow)$$

⑤计算支座反力。

$$V_C = \frac{5}{8}ql, V_A = V_B = \frac{3}{16}ql$$

⑥画弯矩图,如图 19-2d)所示。最大弯矩为 $\frac{ql^2}{32}$,发生在支座 C 处。

⑦计算梁截面上的最大弯曲正应力 $\sigma_{max} = \frac{M_{max}}{W_z}$。根据梁横截面抗弯截

面模量,再按强度条件进行计算即可。

讨论:

(1)图 19-1b)所示的计算简图为外伸梁,如图 19-3 所示,绘制弯矩图得到最大弯矩为 $\dfrac{ql^2}{32}$。

可见:因为最大弯矩 $\dfrac{ql^2}{32}$ 发生在支座 C、D 处,石料会在圆木支承截面 C、D 处断裂。裂纹最先在该截面的上边缘出现,此处拉应力最大。

(2)按照图 19-1c)所示,在石料中部增加一根圆木,此时计算简图为超静定梁,如图 19-4 所示。

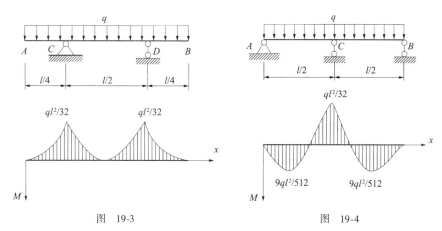

图 19-3　　　　　　　　　图 19-4

可见按照图 19-1c)的方法,不能使图 19-1b)情况再得到改善,因为最大弯矩不变。石料会在弯矩最大的跨中截面断裂。裂纹最先在该截面的上边缘出现(拉应力最大)。

(3)最佳方案如图 19-5 所示,当 a 的取值能使梁的最大弯矩取得极小值,此时所垫圆木的位置就是最安全的。

根据等强度理论可知当支点截面的负弯矩值与跨中截面的最大正弯矩值相等时,即两支点对称分布在构件中心的两侧时最为合理。

图 19-5

分析可得:

$$a = \dfrac{\sqrt{2}-1}{2}l = 0.2071l$$

梁的最大弯矩取得极小值:

$$M'_{\max} = 0.02145ql^2$$

此时比图 19-1c)所示情况节省圆木,且更加安全。

最大弯矩降低比例:

$$\dfrac{M_{\max} - M'_{\max}}{M_{\max}} \times 100\% = 31.36\%$$

由以上分析可以看出,超静定结构的强度计算主要是解决超静定结构的内力计算问题,利用力法或位移法计算内力,根据结构的材料和截面尺寸,按照强度计算公式进行即可。

19.2 超静定结构的位移计算

在任务 8 中讨论了静定结构的位移计算,当考虑支座移动和温度变化时,静定结构位移计算的一般公式如下:

$$\Delta_K = \sum \int \frac{M_P \overline{M}}{EI}dx + \sum \int k\frac{Q_P \overline{Q}}{GA}dx + \sum \int \frac{N_P \overline{N}}{EA}dx + \sum \frac{\alpha \Delta t}{h}\int \overline{M}dx + \sum \alpha t_0 \int \overline{N}dx - \sum \overline{R}c \quad (19\text{-}1)$$

式中:M_P、Q_P、N_P——基本结构上由于外荷载和各多余未知力 X_i 共同作用下的内力(即原超静定结构的实际内力);

$\overline{M}$、$\overline{Q}$、$\overline{N}$ 和 $\overline{R}$——基本结构由于虚设单位力 $\overline{P}=1$ 的作用所引起的内力和支座反力;

t_0、Δt、c——基本结构所承受的温度改变和支座移动,即原结构的温度改变和支座移动。

式(19-1)不仅适用于静定结构的位移计算,也适用于超静定结构的位移计算。

对于超静定结构,只要求出多余未知力,将多余未知力也当作荷载与原荷载同时加在基本结构上,则静定基本结构在上述荷载、温度改变、支座移动等共同作用下产生的内力,就是原来结构在上述因素共同作用下所产生的内力。由此可见,在上述荷载、温度改变、支座移动等共同作用下静定基本结构所产生的位移也就是原超静定结构的位移。因此,计算超静定结构的位移问题通过基本结构转化成了静定结构的位移计算,其优点在于避免求解单位力 $\overline{P}=1$ 作用下的超静定结构内力,因而式(19-1)仍适用。

下面举例说明超静定结构的位移计算。

例 19-1 如图 19-6a)为两端固定的单跨超静定梁,EI 为常数,在均布荷载作用下,梁产生的变形如图中虚线所示。试求梁跨中截面的竖向位移 Δ_{CV}。

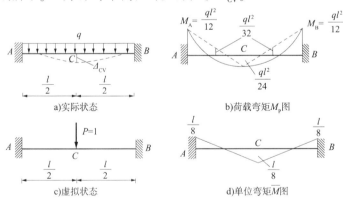

图 19-6

解:(1)作荷载弯矩图 M_P 图。两端固定的单跨超静定梁在荷载作用下实际状态的弯矩图已由力法求出,如图 19-6b)所示。

(2)作虚拟状态[图 19-6c)]的单位弯矩图 $\overline{M}$ 图。在两端固定的单跨超静定梁上沿待求位移的地点和方向上,虚设单位力 $\overline{R}=1$ 后,由力法求出其弯矩图 $\overline{M}$ 图,如图 19-6d)所示。

(3)用图乘法求 Δ_{CV}。

$$\Delta_{CV} = \sum \frac{\omega \cdot y_c}{EI}$$

$$= \frac{2}{EI}\left[\frac{1}{6} \times \frac{l}{2}\left(2 \times \frac{ql^2}{12} \times \frac{l}{8} + 2 \times \frac{ql^2}{24} \times \frac{l}{8} - \frac{ql^2}{12} \times \frac{l}{8} - \frac{ql^2}{24} \times \frac{l}{8}\right) + \left(\frac{2}{3} \times \frac{l}{2} \times \frac{ql^2}{32} \times 0\right)\right]$$

$$= \frac{ql^4}{384EI}(\downarrow)$$

例 19-2 试求图 19-7a)所示的单跨超静定梁在支座位移时 B 端的角位移 θ_B。

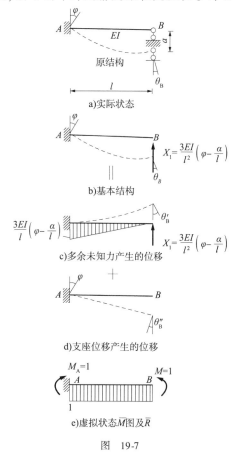

图 19-7

解：(1)作荷载弯矩图 M_P 图。去掉多余约束支座链杆 B，得基本结构见图 19-7b)，用力法求出其多余未知力 $X_1 = \frac{3EI}{l^2}\left(\varphi - \frac{a}{l}\right)$。

(2)求 B 端的角位移。首先求出基本结构上由于多余未知力 X_1 产生的角位移[图 19-7c)]，再求出由支座位移产生的角位移[图 19-7d)]，将两个角位移进行叠加即可。

(3)求 θ_B。虚拟状态及其相应的 $\overline{M}$ 图与 $\overline{R}$ 如图 19-7e)所示，则 B 端的角位移为：

$$\theta_B = \sum \frac{\omega \cdot y_c}{EI} - \sum \overline{R}c$$

$$= \frac{1}{EI}\left[\frac{1}{2} \times l \times \frac{3EI}{l}\left(\varphi - \frac{a}{l} \times 1\right)\right] - (1 \times \varphi) = \frac{1}{2}\left(\varphi - \frac{3a}{l}\right)$$

任务20 位移法计算有侧移的超静定结构

课前学习任务

工程引导

排架结构与框架结构的区别与特点。

类别	框架结构	排架结构
梁柱连接方式	刚接	铰接
作用方式	传递弯矩,即混凝土是现浇的	不传递弯矩,一般是焊接的,也有螺栓连接的
组成单元	基础、柱、梁、板	屋架(或屋面梁)、柱、基础
适用范围	多层建筑、高层建筑	大跨度单层结构
典型建筑	高层住宅、各种高楼大厦	影剧院、工业仓库、飞机库

排架结构中的柱与横梁(屋架)的连接方式是铰接,通常可以不考虑横梁的轴向变形。同时,横梁对柱的支座不均匀沉降不敏感,如图 20-1a)所示。因排架柱顶横梁为铰接,对柱的侧移无限制作用,一般要考虑侧移(水平位移)。在有起重机的排架中,立柱通常采用变截面柱(牛腿)。排架主要承受(屋架、起重机)竖向荷载和水平荷载。在自身平面内刚度和承载力较大,可以做成大跨度的结构,形成较大的空间。排架的施工安装较为方便,通常用于单层工业厂房和仓库中。在实际工程结构中,排架和排架之间需要增加支撑和纵向系杆,以保证结构体系的纵向刚度。在有吊车梁的排架中,吊车梁本身就是一根系杆,如图 20-1b)所示。

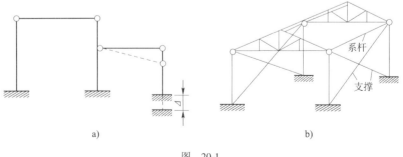

图 20-1

刚架结构在工程中常称为框架结构。在刚架中柱和梁之间的联系采用刚结点,结构整体性好,刚度强。刚结点可以承受和传递弯矩,结构中的杆件以承受弯矩为主。

在竖向荷载作用下,刚架中的横梁比两端铰支梁受力更合理,如图 20-2a)所示。刚结点起到了承受和传递弯矩的约束作用。水平荷载作用下,因为刚结点的存在,对结点转角和侧移有约束作用。与排架相比,因排架柱顶横梁为铰接,对柱的侧移无限制作用,所以刚架的侧移小于排架的侧移。刚架结构由于杆件数量较少,且大多数是直杆,所以能形成较大的空间,结构布置灵活,通常用于高层建筑中。

问题思考

如图 20-3 所示超静定刚架。(1)写出超静定次数;(2)列力法典型方程。

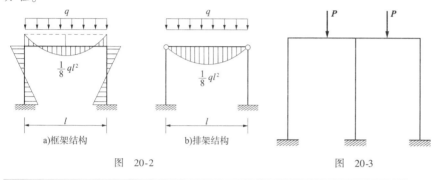

图 20-2　　　　　　　　　图 20-3

20.1　位移法计算有侧移的超静定刚架

超静定刚架有侧移即有水平线位移。此时利用位移法计算要考虑结点的线位移。分析结点线位移数目可以用铰化结点法。下面举例说明有侧移时超静定刚架的计算。

例 20-1　试用位移法计算图 20-4a)所示的超静定刚架,并作刚架的弯矩图。图中各杆 EI = 常数。

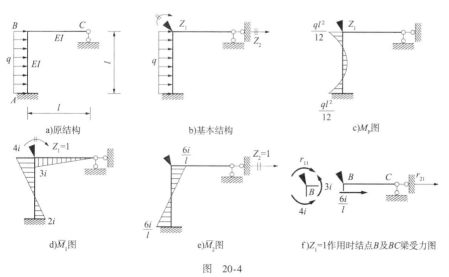

图 20-4

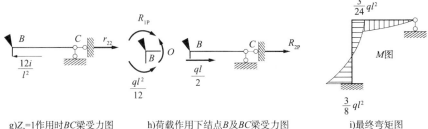

g) $Z_2=1$ 作用时 BC 梁受力图　　h) 荷载作用下结点 B 及 BC 梁受力图　　i) 最终弯矩图

图 20-4

解:(1) 确定基本未知量。

此刚架结点 B 有一个独立的角位移 Z_1,链杆支座 C 有一个独立的线位移 Z_2。

(2) 确定基本结构。在结点 B 处加附加刚臂,支座链杆处加附加链杆,得到基本结构,见图 20-4b)。

(3) 列位移法典型方程。

$$r_{11}Z_1 + r_{12}Z_2 + R_{1P} = 0$$
$$r_{21}Z_1 + r_{22}Z_2 + R_{2P} = 0$$

(3) 绘制 $\overline{M}_1$ 图、$\overline{M}_2$ 图和 M_P 图。

由表 10-1 查出 AB 杆的杆端弯矩作 M_P 图[图 20-4c)]。

设 $Z_1=1$、$Z_2=1$,令线刚度 $i=\dfrac{EI}{4}$,绘出单位弯矩图 $\overline{M}_1$ 图和 $\overline{M}_2$ 图,见图 20-4d)、e)。

由表 10-1 查出 $Z_1=1$、$Z_2=1$ 及荷载单独作用下 AB 柱的 B 端的杆端剪力标在 BC 梁的受力图上,见图 20-4f)、g)、h)。

(4) 求系数和自由项。

用截面法以 $\overline{M}_1$ 图中结点 B 和 BC 梁为分离体[图 20-4f)],画出结点 B 和 BC 梁的受力图。

列结点 B 的力矩平衡方程,得:

$$\sum M_B = 0, r_{11} = 4i + 3i = 7i$$

列 BC 梁水平方向力的平衡方程,得:

$$\sum X = 0, r_{21} = r_{12} = -\dfrac{6i}{l}$$

同理,用截面法以 $\overline{M}_2$ 图中结点 B 和 BC 梁为分离体[图 20-4g)],可求得:

$$r_{22} = -\dfrac{12i}{l^2}$$

同理,用截面法以 M_P 图中结点 B 和 BC 梁为分离体[图 20-4h)],可求得:

$$R_{1P} = \dfrac{ql^2}{12}, R_{2P} = -\dfrac{ql}{2}$$

(5) 求解未知量。

将系数和自由项代入位移法典型方程,有:

$$7iZ_1 - \frac{6i}{l}Z_2 + \frac{ql^2}{12} = 0$$

$$-\frac{6i}{l}Z_1 - \frac{12i}{l^2}Z_2 - \frac{ql}{2} = 0$$

解得：

$$Z_1 = \frac{ql^2}{24i}, Z_2 = \frac{ql^3}{16i}$$

(6) 作刚架最终弯矩图。

由叠加原理 $M = \overline{M}_1 Z_1 + \overline{M}_2 Z_2 + M_P$，计算各杆杆端弯矩值，绘制刚架的 M 图，如图 20-4i) 所示。其中杆端弯矩 M_{AB} 的值为：

$$M_{AB} = 2i \times \frac{ql^2}{24i} - \frac{6i}{l} \times \frac{ql^3}{16i} - \frac{ql^2}{12} = -\frac{3ql^2}{8}$$

20.2 位移法计算排架结构

例 20-2 以图 20-5a) 所示排架为例，试对图示排架进行受力分析和计算，并绘制弯矩图。刚架中各杆 EI = 常数。

解：(1) 确定基本未知量。不计排架横梁的轴向变形时，各柱顶端的水平位移均为 Z_1，则该排架结点 1、2、3 有一个相同的基本未知量。

(2) 确定基本结构。在结点 1 处增加一附加链杆得基本结构，如图 20-5b) 所示。该刚架的基本结构中三根立柱均为一端固定、一端铰支的单跨超静定梁。

(3) 列位移法典型方程。

$$r_{11}Z_1 + R_{1P} = 0$$

(4) 绘制 $\overline{M}_1$ 图和 M_P 图。

设 $Z_1 = 1$，由表 10-1 查出三柱的杆端弯矩，绘出单位弯矩图 $\overline{M}_1$ [图 20-5c)]。

由表 10-1 查出 3A 杆的杆端弯矩，作 M_P 图 [图 20-5d)]。

(5) 计算系数与自由项。

令线刚度 $i = \frac{EI}{l}$，则有 $i_{3A} = 2i, i_{2B} = i_{1C} = i$。

用截面法沿立柱顶端水平方向截开，取分离体见图 20-5e)、f)。

设 $Z_1 = 1$ 及荷载单独作用下由表 10-1 得立柱的顶端的杆端剪力，并标注在三根柱头截面的受力图上，见图 20-5e)、f)。

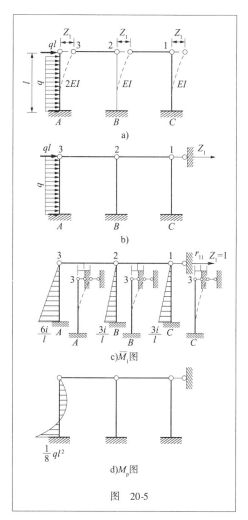

图 20-5

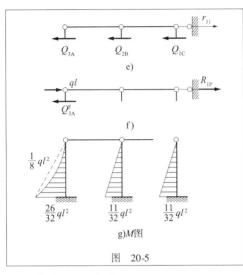

图 20-5

由图 20-5e），列水平方向力的平衡方程，得：

$$\Sigma X = 0, r_{11} = Q_{1C} + Q_{2B} + Q_{3A}$$

由表 10-1 查得：

$$Q_{2B} = Q_{1C} = \frac{3i}{l^2}$$

$$Q_{3A} = \frac{3i_{3A}}{l^2} = \frac{6i}{l^2}$$

则

$$r_{11} = \frac{12i}{l^2}$$

由图 20-5f），同理可得：

$$\Sigma X = 0, \quad R_{1P} + ql - Q_{3A}^F = 0$$

式中：Q_{3A}^F——荷载单独作用时 $3A$ 柱顶端截面 3 处的剪力。

由表 10-1 查得：

$$Q_{3A}^F = -\frac{3ql}{8}$$

则

$$R_{1P} = -\frac{11ql}{8}$$

（6）解方程，求未知量 Z_1。

将 r_{11}、R_{1P} 代入位移法方程，解得：

$$Z_1 = -\frac{R_{1P}}{r_{11}} = \frac{11ql^3}{96i}$$

（7）叠加法绘制弯矩图。

$$M = \overline{M}_1 Z_1 + \overline{M}_2 Z_2 + M_P$$

最终弯矩图见图 20-5g）。

任务 21　单层工业厂房结构计算简图绘制与受力分析

课前学习任务

工程引导

单层工业厂房是各类厂房中最普遍、也是最基本的一种形式。根据不同的使用要求，工业厂房可设计为单层厂房和多层厂房。钢筋混凝土结构的单层工业厂房是较普遍采用的一种。

按承重结构材料的不同,工业厂房可分为钢筋混凝土结构厂房、钢结构厂房、混合结构厂房,如图21-1所示。

a)单层工业厂房　　　　　　　　b)厂房内部

图　21-1

钢筋混凝土结构单层厂房按承重结构形式分为排架结构与刚架结构(图21-2)。

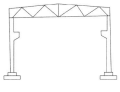

a)排架结构　　　　　　　　b)刚架结构

图21-2　钢筋混凝土结构单层厂房结构简图

排架结构的特点是:柱与屋架铰接,与基础刚接;适用于大跨度或起重量大的厂房。

刚架结构的特点是:柱与横梁刚接,与基础铰接;适用于无吊车或起重量不大的厂房。

21.1　单层工业厂房的特点及结构类型

单层工业厂房是工业建筑中普遍采用的一种建筑形式。重工业生产中如炼钢、铸造、金工,轻工业生产中的纺织,一般都采用单层厂房。

单层厂房是冶金、机械等车间的主要形式之一。为了满足在车间中放置尺寸大、质量大的设备生产重型产品,要求单层厂房适应不同类型生产的需要,有较大的空间。

从结构上讲,要求单层厂房的结构构件要有足够的承载能力。由于产品较重且外形尺寸较大,因此作用在单层厂房结构上的荷载、厂房的跨度和高度往往都比较大,并且常受到来自吊车、动力机械设备的荷载的作用,要求单层厂房的结构构件有足够的承载能力。

为了便于定型设计,单层厂房常采用构配件标准化、系列化、通用化、生产工厂化和便于机械化施工的建造方式。

单层厂房具有以下特点:

①跨度大、高度大、承受的荷载大,因而构件的内力大、截面尺寸大、用料多。
②荷载形式多样,并且常承受动力荷载和移动荷载(如吊车荷载、动力设备荷载等)。
③柱是承受屋面荷载、墙体荷载、吊车荷载以及地震作用的主要构件。
④基础受力大,对地质勘察的要求较高。

目前,我国钢筋混凝土单层厂房的结构形式主要有排架结构和刚架结构两种。

21.2 单层厂房排架结构的组成及受力分析

21.2.1 结构组成

单层厂房排架结构如图 21-3 所示。

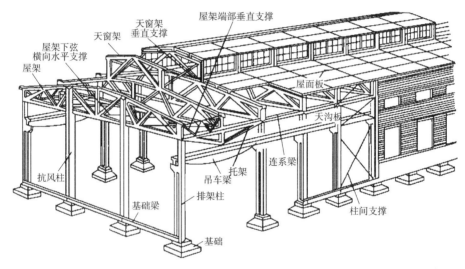

图 21-3 单层厂房结构组成

(1)屋盖结构。

屋盖结构由屋面板(包括天沟板)、屋架或屋面梁(包括屋盖支撑)组成,有时还设有天窗架和托架等。屋盖结构分为无檩和有檩两种屋盖体系。将大型屋面板支承在屋架或屋面梁上的称为无檩屋盖体系;将小型屋面板或瓦材支承在檩条上的称为有檩屋盖体系。在屋盖结构中,屋面板起围护作用并承受作用在板上的荷载,再将这些荷载传至屋架或屋面梁;屋架或屋面梁是屋面承重构件,承受屋盖自重和屋面板传来的活荷载,并将这些荷载传至排架柱。天窗架支承在屋架或屋面梁上,也是一种屋面承重构件。

(2)横向平面排架。

横向平面排架由横梁(屋架或屋面梁)、横向柱列和基础组成,是厂房的基本承重结构。厂房结构承受的竖向荷载、横向水平荷载以及横向地震作用都是由横向平面排架承担并传至地基的。

(3)纵向平面排架。

纵向平面排架由纵向柱列、连系梁、吊车梁、柱间支撑和基础等组成,其作用是保证厂房的纵向稳定性和刚度,并承受通过屋盖结构传来的纵向风荷载、吊车纵向水平荷载等,再将其传至地基,如图 21-4 所示。另外纵向平面排架还承受纵向水平地震作用、温度应力等。

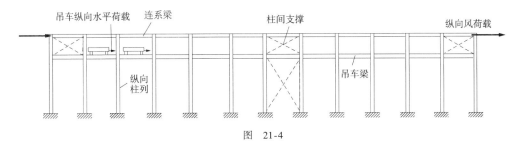

图 21-4

(4) 吊车梁。

吊车梁一般为装配式的,简支在柱的牛腿上,主要承受吊车竖向荷载、横向或纵向水平荷载,并将它们分别传至横向或纵向平面排架。吊车梁是直接承受吊车动力荷载的构件。

(5) 支撑。

单层厂房的支撑包括屋盖支撑和柱间支撑两种,其作用是加强厂房结构的空间刚度,保证构件在安装和使用阶段的稳定和安全。

(6) 基础。

基础承受柱和基础梁传来的荷载并将其传至地基。

(7) 围护结构。

围护结构包括纵墙、横墙(山墙)及由连系梁、抗风柱(有时还有抗风梁或抗风桁架)和基础梁等组成的墙架。这些结构所承受的荷载,主要是墙体和构件的自重以及作用在墙面上的风荷载等。

21.2.2 荷载及受力分析

作用在厂房上的荷载有恒载和活载两大类,如图 21-5 所示。

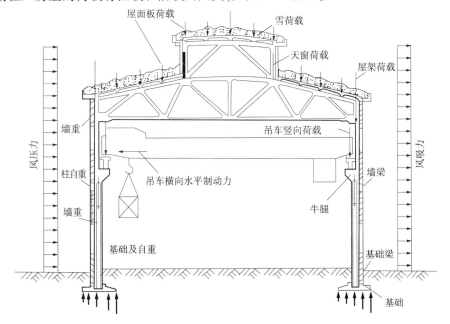

图 21-5

恒载包括各种构件(如屋面板、屋架、柱等)的自重及各种构造层的重量等。

活载包括吊车竖向荷载,吊车纵、横向水平制动力,屋面活荷载(如均布活荷载、施工荷载、雪荷载、积灰荷载),风荷载,地震作用等。

各种荷载的传力路线如图 21-6 所示。单层厂房结构所承受的各种荷载,基本上都是传递给排架柱,再由柱传到基础及地基的。因此,屋架(或屋面梁)、柱、基础是单层厂房的主要承重构件。在有吊车的厂房中,吊车梁也是主要承重构件。

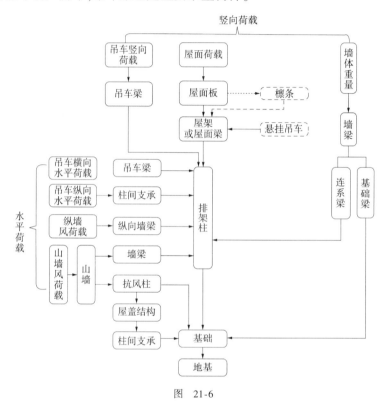

图 21-6

21.3 绘制单层工业厂房的计算简图

以比较典型的钢筋混凝土单层工业厂房为例,说明该厂房的主要承重结构的简化方法。图 21-7a)所示是该厂房的横剖面图。

(1)结构的简化。

该厂房从整体来看是一个空间结构,其主要承重结构包括四大部分,即大型屋面板、预应力钢筋混凝土折线形屋架、阶梯形变截面柱和杯形基础等。其中,大型屋面板的两端搁置(焊牢)在屋架的上弦杆上面,屋面荷载通过大型屋面板传给屋架。屋架两端分别与两边柱子的顶端相连(焊牢或用螺栓连接),柱子下端则插入基础杯口内且被固定。这样,大型屋面板及其所承受的荷载形成沿厂房纵向的(水平或竖直)平面,而屋架、柱子、基础和它们所承受的荷载则形成横向平面。因此,该厂房的主要承重结构,可分解为沿纵向(水平或竖直)和沿横向的平面结构来处理。在横向平面结构中,由于屋架实际上起着双重作用:一方面,它把大型屋面板传来的荷载,传递到两边的柱子顶端结点上去;另一方面,它又将两边柱子的顶端连接起来,从而使两边柱子能协同工作,将柱子顶端和柱子上所承受的荷载传到基础上。因此,为了计算方便,常将这两部分分开计算。其计算简图分别如图 21-7b)、c)所示。

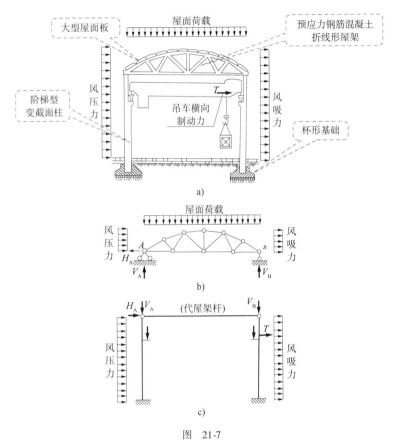

图 21-7

(2) 支座的简化。

由于柱子下端插入基础杯口中,周围缝隙用细石混凝土填实,柱子被嵌固在基础上,可作为固定端支座处理。

(3) 结点的简化。

由于折线形屋架上弦杆所受的压力一般都比较大,因而用的截面也比较大。这对于钢筋混凝土材料来说,上弦杆通常浇筑成一个整体,这样不仅抗弯刚度大,而且结点刚度也很大。在这种情况下,上弦杆各杆的端部,就不再将它当作是铰接的,而应当看成是相互刚性连接或者是连续的。然而对于其他一些杆件,一般来说仍比较细长,抗弯刚度较小,由变形引起的弯曲应力不大,故腹杆和下弦杆各杆端部均可当作铰接来处理。

(4) 杆件的简化。

屋架中的每根杆件可用其轴线来代替。考虑到上弦杆的抗弯刚度比较大,结点连接刚度比较强,故应将它视作连成一体的折线杆形(梁),然而腹杆和下弦杆的各个杆段,则仍看作两端铰接的二力杆。

(5)荷载的简化。

每榀屋架所承受的荷载,应当包括从该榀屋架的左侧轴距中线范围内的全部屋面荷载和屋盖自重。为了计算方便,屋盖自重可作为均布荷载处理。

根据以上几点简化,得出结构的计算简图分别如图 21-7b)、c)所示。图 21-7b)的屋架可以按照桁架来进行受力分析计算。图 21-7c)所示为一次超静定刚架,可以利用力法或位移法进行受力分析计算。

需要指出的是:一个结构的计算简图并非是一成不变的。随着人们认识的发展和技术的进步,可以不断放宽对简化的要求,从而使计算简图更趋近于结构的实际工作情况。如何选取合适的计算简图,是结构设计中十分重要而又比较复杂的问题,不仅要掌握选取的原则,还要有较多的实践经验。对于新的结构形式往往还需要通过反复试验和实践才能确定计算简图。对于常用的结构形式,前人们已经积累了许多宝贵的经验,工作中可以采用这些已为实践验证的常用的计算简图。

练习题

一、填空题

1. 组合结构是由_____杆和_____组成的结构。
2. 结构产生变形和位移的原因有:荷载变化、_____、_____。
3. 在排架结构中,立柱与屋架的连接方式是_____,立柱与基础的连接方式是_____。
4. 题 1-4 图所示结构中,_____是梁式杆;_____是链杆;_____是桁架结点;_____是组合结点。

题 1-4 图

5. 写出题 1-5 图两端固定单跨超静定梁的杆端弯矩和剪力。

题 1-5 图

$M_{AB} = $ _____ ;$M_{BA} = $ _____
$Q_{AB} = $ _____ ;$Q_{BA} = $ _____

6. 写出题 1-6 图所示一端固定一端铰支单跨超静定梁的杆端弯矩和剪力。

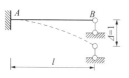

题 1-6 图

$M_{AB} = $ _____ ;$M_{BA} = $ _____
$Q_{AB} = $ _____ ;$Q_{BA} = $ _____

7. 写出题 1-7 图所示一端固定一端定向支座的单跨超静定梁的杆端弯矩和剪力。

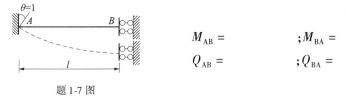

$M_{AB} =$; $M_{BA} =$

$Q_{AB} =$; $Q_{BA} =$

题 1-7 图

二、判断题

1. 超静定结构仅仅在支座位移作用下,力法方程中的自由项表示基本结构由于支座位移在多余力方向所引起的位移。 ( )

2. 校核超静定结构由于温度改变所引起的最终内力图时,静力平衡条件的校核与超静定结构在荷载作用下的校核方法相同。 ( )

三、计算题和绘图题

1. 试求如题 3-1 图所示组合结构中各链杆的轴力并作受弯杆件的弯矩图。

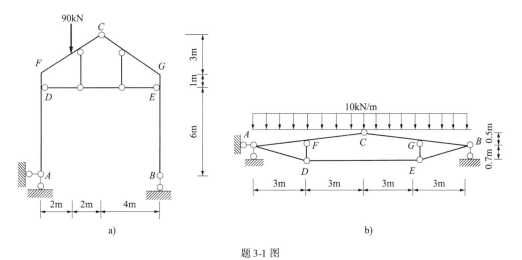

题 3-1 图

2. 题 3-2 图所示结构的支座 A 发生了图示所示的移动和转动,求结构上 B 点的水平位移 Δ_{BH} 和竖向位移 Δ_{BV}。

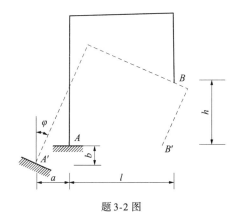

题 3-2 图

54. 模块五
练习题答案

3. 试求题 3-3 图所示结构上 C 点的 Δ_{CV}。已知刚架内侧的温度升高 10℃，各杆截面相同且截面关于形心轴对称，材料的线膨胀系数为 α。

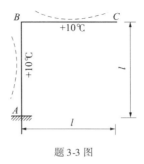

题 3-3 图

4. 用力法计算题 3-4 图所示超静定梁，并绘制弯矩图。

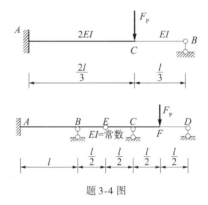

题 3-4 图

5. 如题 3-5 图所示排架结构的左柱承受水平均布荷载 q 作用，试作出排架的内力图。

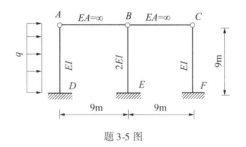

题 3-5 图

 实践能力训练任务

【任务描述】

如图所示两跨厂房排架，试求在右跨吊车荷载作用下排架的内力，并绘制弯矩图。每组提交工程计算报告一份；实践学习任务单一份；调研报告或小论文一篇；汇报答辩 PPT 一个。

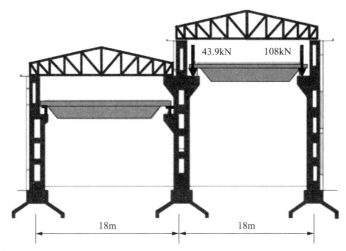

设计计算数据资料:

(1)牛腿柱长、横截面惯性矩:

左柱:上段长度 $=2.1\mathrm{m}; I_{左上}=I_1=10.1\times 10^4\mathrm{cm}^4$;

下段长度 $=4.65\mathrm{m}; I_{左下}=I_2=28.6\times 10^4\mathrm{cm}^4$。

右柱和中柱:上段长度 $=2.6\mathrm{m}; I_{右上}=I_{中上}=I_3=16.1\times 10^4\mathrm{cm}^4$;

下段长度 $=6.75\mathrm{m}; I_{右下}=I_{中下}=I_4=81.8\times 10^4\mathrm{cm}^4$。

(2)右跨吊车垂直荷载:

右跨左侧荷载 $P_1=43.9\mathrm{kN}$;右跨右侧荷载 $P_2=108\mathrm{kN}$;

P_1、P_2 作用线与下柱轴线的偏心距均为: $e=0.4\mathrm{m}$。

实践学习成果应包含以下内容:

1. 工程计算报告一份

(1)单层工业厂房横向平面排架计算简图的简化。说明结构计算简图的简化要点。

(2)作用在结构上的荷载分析及计算。

(3)力法基本结构的选取。

(4)列力法基本方程、画荷载弯矩图和单位弯矩图。

(5)求系数和自由项、求解多余未知力。

(6)绘制结构的内力图。

2. 调研报告或小论文一份

主题自拟,字数 2000~3000 字。

3. 小组实践任务汇报答辩 PPT

答辩时间 10 分钟;24~30 张 PPT。

4. 填写实践学习任务单

5. 完成时间:2 周

完成学习任务过程中小组成员应制定计划、团结协作、自主学习、严谨务实、遵守安全制度。

实践学习任务单

项目名称	某单层工业厂房的调研和受力计算		
地点		时间	年 月 日
小组成员与分工	组长： 组员： 网络信息收集人员： 图书资料查找人员： 受力分析与计算人员： 研讨记录人员： 实地拍照人员： 资料整理人员： 其他：		
实践学习目的	确定单层工业厂房的结构类型□　认识单层工业厂房的吊装设备□ 了解厂房外部和内部结构□　知道单层工业厂房的受力特点□　掌握超静定结构计算方法□　激发专业兴趣□　增加学习兴趣□ 其他：		
考察调研内容	以小组为单位在学校、居住地附近考察某单层工业厂房。 1. 拟定考察调研计划和项目名称，明确小组成员分工与任务，确定考察地点与时间； 2. 记录单层工业厂房的地点、名称、起重设备的型号、安全注意事项、文明生产管理制度等； 3. 对单层工业厂房的进行受力分析和计算； 4. 填写考察调研学习报告单及小组活动考核评价，并提出教学建议； 5. 其他		
实践学习步骤	1. 学生分组：每4~6人一组； 2. 学习单层工业厂房横向平面排架组成、计算图简化、荷载计算方法、内力计算方法； 3. 根据实践项目的具体数据和要求，各组研讨、实地调研并准备资料； 4. 各组分工合作独立完成，提交成果； 5. 对提交成果进行自评、互评，最后教师评议		
学习成果形式	计算说明书□　图纸□　论文□　报告□　图片□　汇报PPT□		

学习效果自评	组员姓名	团队合作意识	个人作用	工作效率	交流沟通能力	自主学习能力	获取信息能力	安全环保意识
	（此栏根据个人完成任务情况由本人填写 A：优秀 B：良好；C：合格；D：有待改进）							

参考文献

[1] 李濂琨. 结构力学(上册)[M]. 3版. 北京:高等教育出版社,1996.
[2] 赵更新. 结构力学[M]. 北京:中国水利水电出版社,2004.
[3] 张友全,吕丛军. 建筑力学与结构[M]. 北京:中国电力出版社,2008.
[4] 李前程,安学敏,赵彤. 建筑力学[M]. 北京:高等教育出版社,2004.
[5] 祈皑. 结构力学学习辅导与解题指南[M]. 北京:清华大学出版社,2007.
[6] 马瑞强. 注册结构工程师专业考试题解钢结构木结构[M]. 北京:清华大学出版社.2021.
[7] 中华人民共和国交通运输部. 公路隧道施工技术规范:JTG/T 3660—2020[S]. 北京:人民交通出版社股份有限公司,2019.
[8] 姚玲森. 桥梁工程[M]. 3版. 北京:人民交通出版社股份有限公司,2021.
[9] 夏永旭,王永东. 隧道结构力学计算[M]. 北京:人民交通出版社,2004.
[10] 孔七一. 应用力学[M]. 3版. 北京:人民交通出版社股份有限公司,2019.